材料探秘

妙趣横生的物质世界

◎ 李样生 编著

化学工业出版社

·北京·

内 容 简 介

《材料探秘：妙趣横生的物质世界》是拓展读者在材料领域的视野，提高科学素养的一本书。它使人沉醉于神奇、瑰丽的材料世界之中，感受材料的强大威力，从而启迪智慧，丰富想象力，激发创造力，培养热爱材料以及热爱人类、保护环境的爱心。在这里，材料的奥秘不再神秘。本书不仅揭示了我们日常生活经常接触的数十种材料的神奇性质，还讲述了与材料相关的精彩故事，引导读者步入材料学的神奇世界。

作者以全新的角度撰写了这本简明易懂的读物，不仅适于课堂教学，同时更适于科普阅读。

图书在版编目（CIP）数据

材料探秘：妙趣横生的物质世界/李样生编著. —北京：化学工业出版社，2023.1
　ISBN 978-7-122-42382-5

　Ⅰ.① 材… 　Ⅱ.① 李… 　Ⅲ.① 材料科学-研究
Ⅳ.① TB3

中国版本图书馆CIP数据核字（2022）第195246号

责任编辑：毛振威　　　　　　　装帧设计：溢思视觉设计／张博轩
责任校对：边　涛

出版发行：化学工业出版社
　　　　　（北京市东城区青年湖南街13号　邮政编码100011）
印　　装：河北鑫兆源印刷有限公司
710mm×1000mm　1/16　印张15$\frac{1}{2}$　字数237千字
2023年4月北京第1版第1次印刷

购书咨询：010-64518888　　　　售后服务：010-64518899
网　　址：http://www.cip.com.cn
凡购买本书，如有缺损质量问题，本社销售中心负责调换。

定　　价：79.80元　　　　　　　　版权所有　违者必究

前言

在人类历史的长河中，材料极大地影响着人类的生活与文化价值。材料科学每前进一小步，人类文明就前进一大步，从日常生活的吃、穿、住、行、用、医疗、通信到国防、军事及航空航天等，无一不与材料科学的发展息息相关。材料是人类赖以生存和发展的物质基础，材料的发展引发了时代的变迁，推动了文明发展和社会进步。材料是一个带有时代印迹的文明基础，人类文明的发展史就是一部利用材料、制造材料和创造材料的历史。

了解材料的基本知识是人们在现代生活中必不可少的需求，随着新材料的不断涌现，人们越来越渴望掌握工作、生活中接触的各类材料的基本知识。

本书便是从与人们工作、生活密切相关的材料——金属材料、无机非金属材料、高分子材料、复合材料、功能材料，以及材料发展带来的影响等出发，深入浅出地介绍了材料与人类文明、生活、社会发展的关系，可以使读者更好地了解材料，从而激发和唤起读者对材料的兴趣和求知欲，开阔视野，达到提高科学素养和人文素养的目的。书中以简洁、通俗易懂的语言，丰富精美的实物图片，让读者把学习变成一件轻松开心的事。本书可供刚进入材料应用领域的从业人员参考使用，也可供相关专业的在校师生参考，更可作为材料知识普及读物供广大读者阅读学习。

本书在体系设计和内容安排上进行了积极的创新，大量增加前沿性和应用性内容。既注重学科的内在逻辑，又大量涉及新材料的实际应用。具有体系新颖、视角独到，兼顾科学性与前瞻性、专业性与通用性的特点。本书的另一个优点是非常重视配套资源的开发，构建了具有特色的立体化学习资源库，通过开放的课程学习网（如中国大学MOOC、学堂在线、智慧树等，搜索"探秘身边的材料"课程），不仅为使用本书的师生提供了包括教学大纲、教案、课件、作业等一般性教学资源，还提供了包括案例、拓展资源和研究性的教学资源，丰富了学生课外学习的内容。

鉴于笔者自身水平和手头掌握资料的限制，疏漏之处在所难免，恳请诸位读者给予批评指正，并提出宝贵修改意见。

编著者

于南昌大学

目 录

第1章
材料与
人类文明

1.1　材料初探——何谓材料

1.　概念

材料是指人类社会所能接受的、可经济地用来制造有用的构件、器件（或物品）的物质。包括天然材料和人工材料，如：土、石、钢、铁、铜、铝、陶瓷、半导体、超导体、煤炭、磁石、光导纤维、塑料、橡胶等，以及由它们组合而成的复合材料。

此定义内含作为材料的几个判据：

其一，"人类社会所能接受的"，反映了资源、能源、环保的考虑与要求，为战略性判据；

其二，"可经济地"，反映了经济性指标，包含经济效益与社会效益，为经济判据；

其三，"制造有用的构件"等，指其具有各种性能，为质量判据。

以上判断物质是否为材料的具体判据共5条：资源、能源、环保、经济及性能。前三者为战略性判据，后二者即俗称的"价廉物美"。

材料是物质，但不是所有物质都可以称为材料。如燃料和化学原料、工业化学品、食物和药物，一般都不算材料。

材料总是和一定的用途相联系，可由一种或若干种物质构成。同一物质，由于制备方法或加工方法的不同，可成为用途迥异的不同类型和性质的材料。比如碳就包括了石墨、金刚石、C_{60}、石墨烯、碳纳米管等等（图1-1）。

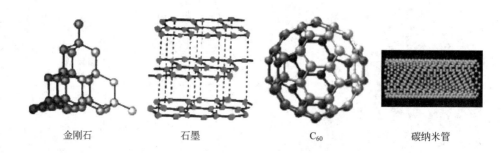

金刚石　　　　　石墨　　　　　C_{60}　　　　　碳纳米管

图1-1　碳元素所能构成的各种不同的分子结构

2.　材料的发展史

材料的发展史，就是人类社会的发展史。

（1）石器时代

早在100万年以前，人类就开始以石头作为工具，这称为旧石器时代。1万年以前，人类知道对石头进行加工，使之成为更精致的器皿和工具，从而进入新石器时代。在新石器时代，人类还发明了用黏土成形、再火烧固化而制成的陶器，同时，人类开始用毛皮遮身。人类使用的这些材料都是促进人类文明发展的重要物质基础。

（2）青铜器时代

在新石器时代，人类已经知道使用天然金和铜，但因其尺寸较小，数量也少，不能成为大量使用的材料。后来，人类在找寻石料的过程中认识了矿石，在烧制陶器过程中又还原出金属铜和锡，创造了炼铜技术。大约在公元前3000年出现了铜锡合金，俗称青铜，人类生产出各种青铜器物，开始有武器、工具和生活用具，从而进入青铜器时代。这是人类大量利用金属的开始，是人类文明发展的重要里程碑。中国在商周（即公元前17世纪初—公元前256）就进入青铜器的鼎盛时期，在技术上达到了当时世界顶峰。

（3）铁器时代

3000年前，人类开始用铁。公元前12世纪，在地中海东岸已有很多铁器。由于铁比铜更易得到，更好利用，在公元前10世纪，铁制工具已比青铜工具更为普遍，人类从此由青铜器时代进入铁器时代，一直延续到现在。由于铁便宜，易大量开采和冶炼，其就成为"平民材料"，进而被普遍使用。公元前8世纪已出现用铁制造的犁、锄等农具，使生产力提高到新的水平。中国在春秋（公元前770—公元前476）末期，冶铁技术已有很大的突破，遥遥领先于世界其他地区，如利用生铁经过退火制造韧性铸铁及以生铁制钢技术的发明，标志着中国生产力的重大进步，这成为促进中华民族统一和发展的重要因素之一。

（4）水泥时代

水泥是一种常见的建筑原料，它的出现以及大量运用，给我们原来的住、行带来彻底的改变。如果说在水泥出现前人类改造地球只是"物理反应"，那么水泥出现以后人类的改造就是"化学反应"。

（5）钢时代

到了近代，18世纪蒸汽机和19世纪电动机的发明，使材料在新品种开发和规模生产等方面发生了飞跃。1856年，英国人贝塞麦（H. Bessemer）发明了底吹酸性转炉炼钢法，以后被称为贝塞麦转炉炼钢法。1864年，法国人马丁发明了平炉炼钢法。从此开创了大规模炼钢的新时代，使世界钢产量从1850年的6万吨突增到1900年的2800万吨，大大促进了机械制造、铁路交通的发展。随后，不同类型的特殊钢种也相继出现，这些都是现代文明的标志，使人类进入了钢铁时代。

（6）硅时代

随着科学技术的发展，功能材料愈来愈重要，特别是半导体硅材料出现以后，促进了现代文明的加速发展。1948年发明了第一个具有放大作用的晶体管，10年后又研制成功集成电路，使计算机的性能不断提高，体积不断缩小，价格不断下降。

（7）新材料时代

高性能磁性材料的不断涌现，激光材料与光导纤维的问世，使人类社会进入了"信息时代"。因此，新材料占据了重要的地位，包括金属、陶瓷、高分子和复合材料所构成的各种新材料，应用范围广泛（图1-2），发展非常迅速，已成为研究与发展的热点。

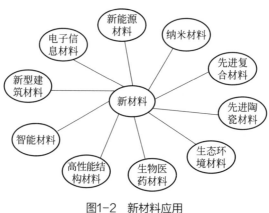

图1-2　新材料应用

3. 材料与技术革命

在开发了铁和钢等材料后，蒸汽机得以使用并逐步推广，由此引发第一次技术革命。其发生于18世纪中叶的英国，而后遍及欧洲和北美国家。这次革命以纺织机械革新为起点，以蒸汽机的广泛使用为标志，实现了工业生产从手工工具到机械化的转变，使以机器为主体的工厂制度代替了以手工技术为基础的手工工场，从而把人类带进了蒸汽时代。

第二次技术革命开始于19世纪末，以电的发明和广泛应用为标志，一直延续到20世纪中叶，以石油开发和新能源广泛使用为突破口，大力发展飞机、汽车和其他工业，支持这个时期产业革命的仍然是新材料开发，如合金钢、铝合金以及各种非金属材料的发展。

第三次技术革命开始于20世纪中叶，以原子能应用为标志，实现了合成材料、半导体材料（图1-3）等的大规模工业化、民用化。

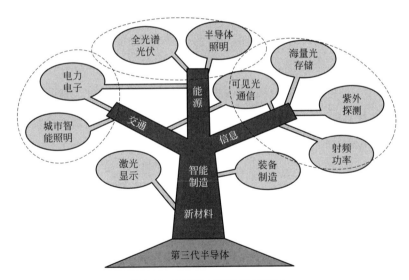

图1-3　半导体材料的应用领域

第四次技术革命开始于20世纪70年代，以计算机、微电子技术、生物工程技术与空间技术为主要标志。

现代社会发展的支柱是能源、信息和材料，此外还有生物技术。材料是各种科技进步的核心，是现代文明的基石（图1-4）。

建筑、交通、能源、计算机、通信、多媒体、生物医学工程无一不依赖材料科学与技术的发展来实现和突破。没有钢铁材料，就没有今天的高楼大厦；没有专门为喷气发动机设计的材料，就没有靠飞机旅行的今天；没有耐高温复合涂层材料，就没有人类探索太空的飞船；没有固体微电子材料，就没有计算机。

图1-4　材料是现代文明的基石

1.2　世界前沿科技领域与材料

科技日新月异，正在改变着我们的生活方式。当下，人们比较熟悉的是一些与网络有关的新技术，因为它们与我们的日常生活息息相关。实际上，对普通人的生活产生直接影响的技术变革并不止这些，无人驾驶技术、人机对话技术、机器人技术以及3D打印技术是当前科技发展的前沿，它们离成熟已经很近。另外，在生命科学领域，一些治疗疑难杂症的技术也逐渐取得突破性进展。这些技术就在我们身边。

世界前沿科技领域包括信息科学技术、新材料科学技术、新能源与再生能源科学技术、生物科学技术、海洋科学技术、航空航天科学技术、环境科学技术，如图1-5所示，是21世纪重点发展的高技术群体。

图1-5　世界前沿科技领域

信息科学技术正在发生结构性变革，仍然是经济持续增长的主导力量：通信网络技术为信息产业注入强大活力；宽带通信已成为国际上应用最广的通信技术；半导体技术进入纳米时代；量子信息技术将不断突破各种瓶颈和障碍，逐步走向成熟，在指挥控制、情报侦察、军事通信等国防领域将具有广泛的应用前景。计算机智能技术日新月异。

生物技术正经历着一场前所未有的技术革命：基因工程、蛋白质科学、干细胞及再生医学的研究成为生命科学的前沿与热点，生物芯片在医疗和科研领域发挥巨大作用，转基因技术及应用呈现出高速发展的态势。

航天技术快速发展，不断开辟人类探索的新空间：太空探索带动太空探索技术加速发展，研制多种用途的人货分离的新一代航天飞行器成为未来趋势，小卫星技术日趋成熟并将广泛应用，太空攻防技术成为未来航天技术发展的重要领域。

航空技术发展面临历史性机遇，应用前景广阔：高超声速导弹、飞机有望进入实际应用；高效、环保发动机的研制备受关注；智能结构技术开始得到应用，如智能蒙皮、变形飞机等成为研究热点。

能源技术将变革未来社会的动力基础，促进人类实现可持续发展：煤炭的高效清洁利用成为化石能源技术研发热点，核能技术酝酿新的突破，氢能技术研发和商业应用加速，新能源和可再生能源技术展现良好前景。

新材料技术出现群体性突破，将对基础科学和几乎所有工业领域产生革命性影响：纳米技术是前沿技术中最具前瞻性和带动性的重点领域之一，光电子材料、光子材料将成为发展最快和最有前途的电子信息材料，新型功能材料（超导材料、智能材料、生物医用材料）及其应用技术面临新的突破，新型结构材料（高温合金、难熔金属、金属间化合物、金属基复合材料、高分子材料、钛合金、镁合金等）发展前景乐观。

高技术新材料的特点有：

① 综合利用现代先进科学技术成就，多学科交叉，知识密集；

② 往往在一些特定条件（如高温、高压、急冷、超净等）下才能完成其制备生产，依赖新技术、新工艺、精确控制和检测；

③ 高技术新材料发展与基础理论研究密切相关，理论突破带动新材料产生，

从原理提出到变成产品的时间变得越来越短，材料合成和加工技术水平越来越高，科学转化为生产力的速度越来越快；

④ 需要的研究投资量大，有赖于知识创新和技术创新；

⑤ 更新换代快，品种多，生产规模不大。

新材料的发展趋势为：

① 注重多学科交叉，综合利用现代科学技术最新成就，促进材料科学与材料工程、各大类材料之间的交叉、借鉴、互补，充实和完善以成分与结构、性质、合成与加工、使用性能为核心知识，能指导各类材料研究与开发的材料科学与工程学科。

② 新材料整体向着高性能化、多功能化、复合化、智能化和经济实用化方向发展。

③ 结构材料仍然是研究与开发的主体，高技术新材料研究与开发与现有材料提升改造并重，以满足工业经济和国防安全的基础产业的需求。功能材料还是21世纪新材料研究与开发的热点，其动力主要来自于高技术需求和有关材料行为深层次的认识和控制的科学进展。

④ 重视基础性研究，实现在微观、介观和宏观不同层次上，在分子、原子、电子层次上按预定性能设计和制备新材料。

⑤ 高度重视材料及其制品和生态环境与资源的协调性。

1.3　世贸大厦坍塌的材料学追思

1.　世贸大厦简况

纽约世界贸易中心大厦（简称世贸大厦）（图1-6）位于曼哈顿闹市区南端，雄踞纽约海港旁，曾是世界上最高的建筑物之一。它由纽约和新泽西州港务局集资兴建，总建筑师山崎实负责设计。大楼于1966年开工，历时7年，1973年竣工。它是由数幢建筑物组成的综合体，其主楼呈双塔形，塔柱边宽63.5m。大楼采用钢架结构，用钢 7.8 万吨，楼的外围有密置的钢柱，墙面由铝板和玻璃窗组成，有"世界之窗"之称。

图 1-6　世贸大厦

2.　塔楼坍塌的原因

波音飞机为什么能够撞倒像世贸中心塔楼这样坚固的庞然大物？据当时世界最权威的科技杂志之一的《科学》杂志报道：专家们相信，塔楼坍塌的首要原因是飞机上约有 3 万升的油料爆炸后，在局部形成了 1000℃以上的高温以及引燃了某些可燃的建筑材料及楼内可燃物质。我们都知道：几乎任何材料一旦在较高温度时其强度都会迅速降低，如从室温上升到 600℃，45 钢的抗拉强度下降一半（从调质或正火态的约 800MPa 降至 400MPa）；铝合金在 400℃时的强度仅为室温时强度的 10% 不到。

按照当初的设计，如果在 20 世纪 70 年代，世贸中心塔楼是能够经受住那时的飞机撞击的。一方面，由于塔楼简直就是钢铁巨人，其钢架结构外围密置钢柱的柱与柱之间的距离（即窗户宽）仅 0.5m；另一方面，其钢梁钢柱表面涂有耐火材料。世贸中心的设计者山崎实为了比喻大楼的坚固，曾说："如果有一架波音 707 以 180mile/h 的速度飞向大楼，只有它撞击到的 7 层会被损坏，其余的部分仍然会站在那里，整个大楼也不会塌"。180mile/h（1mile=1.61km）是纽约允许空间飞行物飞过城市的最高速度。但是山崎实如果还活着也难以料想，真会有人驾着飞机冲向他引以为豪的、空间控制感极美的双塔。

事实上，纽约人看到的是一架波音767飞机，速度为400～500mile/h，并在距离大楼不远的地方开始加速，撞向了世贸大厦。所以问题在于，现在的飞机越来越大，对于如今喷气式飞机燃料所引发的大火，绝大多数建筑物内的灭火装置根本不起作用，而支撑塔楼的钢梁钢柱经过600℃以上的持续烘烤，必然发生严重软化，原有的强度几乎丧失殆尽。这样，暴露在高温下的那层楼板率先脱落，压在下一层楼板上，引起负重增加，再加上相继带来的持续高温效应，从而引起下一层楼板再脱落，如此引发连锁反应，导致塔楼最终坍塌。

然而，世贸中心的双塔受到撞击之后，并没有立即土崩瓦解，为楼内多数人员的疏散撤离赢得了极其宝贵的时间。这说明塔楼并不是"豆腐渣"，其特殊设计还是发挥了一定的作用。

无论如何，"9·11"事件是发生了。人们在反思："9·11"事件之后，大厦应该如何建才结实呢？这与材料密切相关。

（1）用高强、轻质的材料

"9·11"事件撞击出了建筑新思维，即以人为本、确保人身安全，盖房子"不怕一万、只怕万一"。创新观念包括使用强化钢材（即高强度钢材）、高强混凝土及玻璃，防火隔离层加厚，等等。

一种趋势是仍然要大力发展钢结构建筑，其优势具体如下。

① 重量轻、强度高。用钢结构建造的住宅质量是钢筋混凝土住宅的1/2左右，可满足住宅大开间的需要，使用面积比钢筋混凝土住宅提高4%左右。

② 抗震性能好，其延展性比钢筋混凝土好。从国内外地震后的调查结果看，钢结构住宅建筑坍塌数量最少。

③ 钢结构构件在工厂制造，减少现场工作量，缩短施工工期，符合产业化要求。

④ 钢结构构件经工厂制造后质量可靠，尺寸精确，安装方便，易与相关部件配合。

⑤ 钢材可以回收，建造和拆除时对环境污染较少。

（2）用环保防火材料

"9·11"事件后大楼怎么建才能对付有毒烟雾呢？

　　根据美国联邦调查局的报告，在"9·11"事件中，70%以上的人都在浓烟火海、高温窒息的楼内因烟熏罹难。

　　在一些特大群死群伤的火灾案例中，虽然火灾起因各异，但导致人员重大伤亡、财产损失的主要原因是建筑物内使用了大量的燃烧烟浓度大、毒性高或燃烧性能不符合要求的建筑装饰材料及组件。这些材料未做任何阻燃处理，不仅火焰传播速度极快，而且燃烧时还会释放出大量浓烟和有害产物（表1-1），仅仅几分钟，现场人员便会中毒窒息，丧失逃生能力。

表1-1　几种材料燃烧后的有害产物

材料	有害产物
木材和墙纸	一氧化碳
聚苯乙烯	一氧化碳、少量苯乙烯
聚氯乙烯	氯化氢、一氧化碳
有机玻璃	一氧化碳、少量甲醛、丙烯酸甲酯
聚乙烯	一氧化碳
脲醛 异氰酸 聚氨酯 丙烯酸 羊毛 尼龙	氰化氢 一氧化碳

　　解决的办法仍是从材料着手，一是用阻燃材料，二是用绿色环保材料。

　　目前正大力发展阻燃高聚物和阻燃高聚物基复合材料，这是具有抑制自身燃烧功能的材料。广义上就是使可燃的高聚物变得难燃，使难燃的高聚物变得更难燃，并使其具有离开火焰后可自行熄灭的特性，即所谓不延燃，而且不产生烟害和毒害等问题。

（3）用自发光材料

　　"9·11"事件之后建筑物应如何设计以有利逃生呢？

　　近年来，由于各种公共场所的建筑结构越来越复杂，如何在紧急事故发生时有效疏散人员，成为世界各国安全和技术专家亟待解决的问题。

　　目前，世界上建筑内的发光疏散指示标志主要有两种：一种是电致发光型疏散指示标志（灯光型、电子显示屏等）；另一种是光致发光型疏散指示标志（主要是蓄光自发光型）。

常规使用的电致发光型疏散指示标志，由于包括一整套电路、电器、蓄电池系统，需要定期保养、维护，安全系统难以得到长期保障。而蓄光自发光型疏散指示系统的核心材料具有吸光、蓄光、发光的性能，在吸收可见光 10 ～ 20min 之后，即可在黑暗中连续发光 10 ～ 12h，发光安全系统的可靠性达到 100%。因此以蓄光自发光型替代电致发光型疏散指示标志是全球性的发展趋势。

人类研究自发光材料的历史可以追溯到居里夫人最初发现的镭，镭元素具有放射性且危害大，使其一直未能进入民用领域。

自发光材料的第二次革命是以硫化锌为代表的荧光型自发光材料的出现，但是由于荧光型产品发光时间短，发光亮度低，耐光性差，同时具有微弱放射性等缺点，也限制了这种材料在工业产品中的广泛使用。

第三代自发光材料是蓄光型自发光材料，不但解决了各种技术难题，而且带来了自发光产品的第三次革命，改变了自发光产品无法应用到民用产品中的现象。这些色彩缤纷、五颜六色的发光材料，白天吸收储存各种可见光，如日光、荧光、灯光、紫外光等杂散光 10 ～ 20min 后，可实现自发光功能，在暗处持续发光 12h 以上，其发光强度和持续时间是传统发光材料的 30 ～ 50 倍，且稳定性、耐候性优良，彻底改变了传统自发光材料在应用中的不足。

这种粉末发光材料还可以作为添加剂均匀地分布于各种介质中，制成发光涂料、发光油漆、发光陶瓷、发光工艺品、发光油墨、发光塑料、发光膜板、发光安全标志、发光纤维、发光纸等产品。在建筑装潢、交通运输、军事领域、消防应急、日常家居生活、低度照明等领域具有广泛的应用空间。它可以使传统产品增添新的功能，提高产品的价值。

1.4　现代国防工业与材料

从冷兵器到热兵器，直到现在的核武器、战略导弹防御系统，各类材料尤其是先进材料起了关键作用。有人认为：第二次世界大战在某种程度上是钢铁之战。材料高新技术是一个国家国防力量最重要的物质基础。国防工业往往是新材料技术成果的优先使用领域，新材料技术的研究和开发对国防工业和武器装备的发展起着决定性的作用。

1.　隐身材料:B-2A的保护神

B-2A隐形战略轰炸机（图1-7）集当代高新技术于一身，是当代世界最先进的轰炸机之一：具有远程和高、低空隐身突防能力；其实用升限为15200m，机身长21.03m，高5.18m，飞机翼展52.43m，翼面积478m²；机翼前缘后掠，机翼后缘成双"W"形，犹如锯齿，上面设有操纵系统控制的操纵面；机翼和机身融合成飞翼外形，酷似一只展翅的巨大蝙蝠；该机只需驾驶员两人。

图1-7　B-2A的外形

B-2A的整体外形光滑圆顺，毫无"折皱"，不易反射雷达波。驾驶舱呈圆弧状，照射到这里的雷达波会绕舱体外形"爬行"，而不会被反射回去。机翼后掠33°，使从上、下方向入射的雷达波无法反射或折射回雷达所在方向。机翼前缘的包覆物后部，有不规则的蜂巢或空穴结构，可以吸收雷达波。

材料方面，B-2A飞机的整个机身，除主梁和发动机舱使用的是轻金属、复合材料外，其他部分均由碳纤维和石墨纤维等复合材料构成，不易反射雷达波。另外，机翼的前缘还全部包覆上了一层特制的吸波材料（RAM）。此外，B-2A的整个机体都喷涂上了特制的吸波油漆，这在很大程度上降低了敌方探测雷达的回波。

2.　特殊的装甲材料

复合装甲（composite armour）是由英国发明出来的，也称"乔巴姆"装甲（图1-8）。

复合装甲，顾名思义就是由两种以上不同材料组合而成的，能有效抵抗破甲弹和穿甲弹攻击的新型装甲。一般由高强度装甲钢、钢板铝合金、尼龙网状纤维和陶瓷材料等组成。

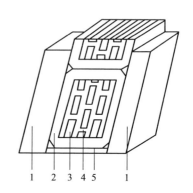

图1-8　"乔巴姆"复合装甲机构示意图

1-普通均质钢装甲；2-钛合金或合成树脂蜂窝状框架；3-陶瓷块；4-环氧树脂或特种黏结剂；5-固定装甲块的辅助薄钢板

料壳内，内层为适当厚度的钢板。其防护机理是：当破甲弹击中装甲时，高能金属射流可能穿透外层钢板，而陶瓷层可使金属射流偏转或分散，还可吸收冲击波；另外，由于陶瓷的刚性大，不易变形，加之陶瓷层的合理排列，减少了中弹后的过早破碎，因此大大减少了金属射流的威力。在等重量装甲条件下，复合装甲对破甲弹的抗弹能力较均质装甲提高2～3倍，但对动能弹尚不到2倍。苏联的T-72坦克车体首上装甲就是复合装甲。

3.　烧蚀防热材料：洲际导弹和航天器的隔热屏障

导弹、飞船和航天飞机，当返回、再入大气层时都处于严重的气动加载（高速飞行产生的空气阻力）和气动加热（剧烈摩擦热）的环境中，温度急剧升高。洲际导弹弹头以马赫数20～25的速度（相当于6.8～8.5km/s）再入大气层时，弹头的驻点温度可达8000～12000℃。如图1-9是神舟飞船返回舱。

图1-9　神舟飞船返回舱

耐烧蚀件的设计和应用主要是为了解决导弹、航天飞机、火箭等在大气层高速飞行时产生的高温对材料的烧蚀作用。对于耐热蚀件的要求，主要是能在短时间内承受高温加热效应，保护其内的高速飞行器本体及内部仪器、装载物等。

耐烧蚀件所用的材料称为烧蚀防热材料，它是一种固体防热（复合）材料。在高温高压气流冲刷的条件下，烧蚀防热材料发生热解、熔化、蒸发和升华辐射等，通过材料表面的质量迁移带走大量热量，从而达到耐高温的目的。烧蚀防热材料主要应用于战略导弹弹头、航天器返回舱表面和火箭发动机的喷管及喉衬等。图1-10是两种防热材料结构模型。

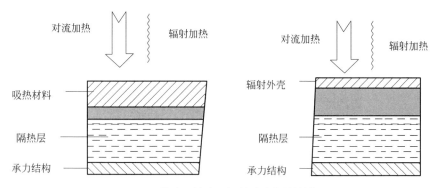

图1-10　热容吸热式和辐射式防热结构模型

4.　塑料材料引领军事装备的变革

将军事装备从金属转换为塑料推动了军事应用的轻量化。

统计数据表明，塑料可将装备负载减少50%，同时使部队在与敌人交战时保持敏捷性和安全性。

军队中物联网连接的出现，改变了传统的作战方式，但同样增加了开支，好在有注塑军事设备在生产和运输方面的优势，大大节省了生产时间，并且降低了制造成本。

通过精密成型制造的零部件，可以根据军用规格进行特殊定制，并且生产速度非常快。塑料战术装备在军队中很普遍，主要是因为其耐用、轻便且防风雨和材料不导电性。尽管钢铁长期以来一直是军事用途的理想材料，但塑料正在改变该领域。

　　与此同时，金属制造的军事装备往往需要精心的维护，维护材料和维护设备会加大开支，但是如果选择塑料材料，就可以很轻松地擦去污垢。

　　因此，更多的塑料复合材料在今后会更加频繁地出现在武器装备上。

5.　现代武器装备研发必不可少的碳纤维复合材料

　　现代武器装备向着低能耗、大载荷、隐身化和高机动性快速发展，对其材料也提出了更高要求。被誉为"黑色黄金"的碳纤维复合材料，因其优异的材料特性被广泛应用于国防军工等领域。借助碳纤维材料打造性能更优的武器装备，早已成为各国发展的新方向。回顾历史不难发现，碳纤维材料每次取得重大研究进展，都伴随着相关军事需求的有力牵引。20世纪50年代，为解决导弹喷管和弹头耐高温、耐腐蚀等关键技术难题，美国率先研制出了黏胶基碳纤维。此后，伴随着更高性能、更多品种碳纤维材料的出现，看似柔软的纤维也成了"新材料之王"。

　　还记得动画电影《超能陆战队》里的机器人"大白"吗？这个感动了无数人的医疗机器人的原型，体内骨骼正是由碳纤维材料打造，这才让外形软绵绵的它能经受住碾压摔打。事实上，就连此前曾经为超重问题所困扰的F-35战斗机，最终也使用了多达35%的碳纤维复合材料。碳纤维早已在国防军事领域得到广泛应用，是火箭、卫星、导弹、战斗机和舰船必不可少的基础材料。碳纤维的应用将进一步提升武器装备各部件的使用寿命，并将显著改善武器装备抗冲击韧性、耐疲劳损伤性、工艺性和耐湿热性。

第2章
金属王国的风采

2.1　钢铁是怎样炼成的

钢铁以其低廉的价格、可靠的性能成为世界上使用最多的材料之一，是建筑业、制造业和人们日常生活中不可或缺的成分。可以说，钢铁是现代社会的物质基础。那么钢铁是如何炼成的呢？

1. 基本概念

铁是元素周期表中第Ⅷ族（类）元素，原子序数26，纯铁是银白色，密度7.86g/cm³，纯铁的熔点是1538℃。

平时人们所讲的铁，实际是生铁。钢与铁都是合金，是由Fe、C、Si、Mn、P、S等元素组成的。钢是低C含量的生铁，与铁的差别在于含C量的不同：铁中C的含量＞2.11%；钢中C的含量＜2.11%。黑色金属主要指铁、钢。

绝大多数金属元素（除Au、Ag、Pt外）都以氧化物、碳化物等化合物的形式存在于地壳之中。

获得各种金属及其合金材料的途径有哪些？

要获得各种金属及其合金材料（图2-1），必须：

① 通过各种方法将金属元素从矿物中提取出来；

② 对粗炼金属产品进行精炼提纯和合金化处理；

③ 浇注成锭，加工成形，才能得到所需成分、组织和规格的金属材料。

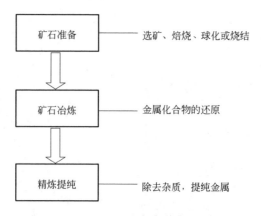

图2-1　获得各种金属及其合金材料的途径

　　冶炼（冶金）：指从含有金属的物料，如矿石、精矿或冶炼过程中间产物中提取纯金属或制取金属化合物，乃至生产合金的过程。习惯上常将冶炼称为冶金。

　　冶金方法：由于各种金属的矿石性质、成分不同，冶炼方法多种多样，主要有火法冶金、湿法冶金、电解冶金以及真空冶金等。

　　火法冶金是指利用高温从矿石中提取金属或其化合物的方法，是生产钢铁及大多数有色金属（铝、铜、镍、铅、锌等）材料的重要方法，提取金属成本较低，但污染环境。

　　湿法冶金是指利用一些化学溶剂的化学作用，在水溶液或非水溶液中进行包括氧化、还原、中和、水解和络合等反应，对原料、中间产物或二次再生资源中的金属进行提取和分离的冶金过程。

2.　钢铁冶金的任务：将铁矿石冶炼成合格的钢

　　炼铁（还原熔化过程）：铁矿石 —— 去脉石、杂质和氧 —— 铁。

　　炼钢（氧化精炼过程）：铁 —— 精炼（脱 C、Si、P 等）—— 钢。

　　与世界各地的冶铁工艺一样，我国最早的冶铁技术采用的是低温固态还原法（块炼法）。它是在地下或地面用石头或黏土修筑较低矮、结构较简单的炉子，用木炭或木材作燃料和还原剂，用小型皮囊送风，或自然通风，让富铁矿石在较低的温度下（约 1000℃），使铁的氧化物还原成固态海绵铁，这种铁的含碳量很低，几乎不含硅、锰等元素。随着封建社会生产的日益增长，对铁的需求量大为增加，块炼铁已无法满足要求。我们的祖先根据春秋时期已具有的炼铜竖炉和大的鼓风动力经验，创造了高温液态还原法。此冶铁工艺使用较高大的竖炉，用木炭作燃料和还原剂，随炉内温度的提高，铁水可以直接浇成铸件或锭块。此工艺的优点是铁与渣分离较好、杂质减少，效率高、成本低，制得的铸件或锭块质量较好，至今仍是世界上重要的炼铁方法。

3.　高炉炼铁

　　高炉炼铁的原料包括铁矿石、焦炭和熔剂。其中焦炭既是燃料又是还原剂；熔剂主要是石灰石，其作用是降低脉石熔点，生成炉渣，去硫。

（1）高炉炼铁的主要过程（图2-2）

炉料由高炉顶部加入，炉顶温度大约200℃。在此温度下，由焦炭燃烧生成的一氧化碳上升气流与下降的炉料开始反应，矿石的部分铁被还原，同时部分一氧化碳生成二氧化碳及粉状或烟状游离碳。部分游离碳进入矿石孔中，约在炉身中部，碳将炉内残存的氧化亚铁还原成铁，其余的碳被铁溶解，使铁的熔点降低，铁由固态转变为海绵铁。在高温下，石灰石分解，生成的氧化钙与酸性脉石形成炉渣。被还原的矿石逐渐降落，温度和一氧化碳的浓度不断升高，加速反应，将全部氧化铁还原成氧化亚铁。在风口区，残余的氧化亚铁还原成铁，熔融的铁和炉渣缓缓进入炉缸。在此，较轻而又难熔的炉渣浮向熔体上表层，铁液和炉渣分别排出。生铁可浇铸成锭或直接送去炼钢。

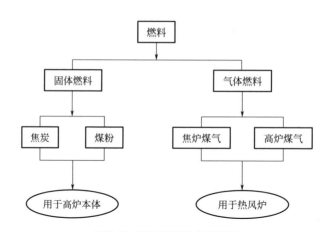

图2-2　高炉炼铁的主要过程

（2）高炉冶炼的理化过程

原料在高炉内发生复杂的冶金物理化学反应。高炉炼铁时主要发生焦炭燃烧、铁矿石（氧化铁）的还原及铁的增碳过程，还要发生锰、硅、磷的还原，硫的去除和造渣等冶金物理化学反应。

① 燃料的燃烧。

$$C+O_2 \longrightarrow CO_2（放热）$$

CO_2 气体上升遇到赤热的焦炭被还原成CO：

$$CO_2+C \longrightarrow 2CO（吸热）$$

② 铁的还原。

氧化铁的还原可借助 CO 气体及固体碳来还原，前者称间接还原，后者称为直接还原。

a.间接还原。炉口附近开始，温度 $250 \sim 350℃$，约在 $950℃$ 停止。间接还原是依次地将含氧较多的氧化物还原成含氧较少的氧化物。

$$3Fe_2O_3 + CO \longrightarrow 2Fe_3O_4 + CO_2$$

$$2Fe_3O_4 + 2CO \longrightarrow 6FeO + 2CO_2$$

$$6FeO + 6CO \longrightarrow 6Fe + 6CO_2$$

b.直接还原。$950℃$ 以上，靠固体碳来进行：

$$FeO + C \longrightarrow Fe + CO$$

在这个反应中，碳起了很大的作用：

$$CO + CO \longrightarrow CO_2 + C$$

③ 铁的增碳。铁被碳所饱和。生铁最后的含碳量取决于其他元素的含量。Mn、Cr、V、Ti 等元素能与碳形成碳化物而溶于生铁中，因而提高了生铁的含碳量；而 Si、P、S 等元素能与铁生成化合物，减少了溶解碳的铁，因而使生铁的总含碳量减少。

④ 其他元素的还原。

a.锰的还原：

$700℃$：　　　　　　　　　　$MnO_2 + C \longrightarrow MnO + CO$

$>1100℃$：　　　　　　　　　$MnO + C \longrightarrow Mn + CO$

一般高炉冶炼只有 $40\% \sim 80\%$ 的锰被还原，并溶于铁中，其余的或被烧损，或进入炉渣与 SiO_2 形成 $MnSiO_3$。提高温度和提高渣的碱度可以将渣中的锰从 $MnSiO_3$ 中还原出来：

$$MnSiO_3 + CaO \longrightarrow MnO + CaSiO_3$$

$$MnO + C \longrightarrow Mn + CO$$

$$MnSiO_3 + CaO + C \longrightarrow Mn + CaSiO_3 + CO$$

b.硅的还原：

SiO_2，1100℃以上的温度：　　　　　　$SiO_2+2C \longrightarrow Si+2CO$

c.磷的还原：

$Ca_3(PO_4)_2$，1200～1500℃：$Ca_3(PO_4)_2+5C \longrightarrow 3CaO+2P+5CO$

在有SiO_2时，置换出P_2O_5：

$$2Ca_3(PO_4)_2+3SiO_2 \longrightarrow 3Ca_2SiO_4+2P_2O_5$$

P_2O_5易挥发，变为气体与碳接触被还原：

$$P_2O_5+5C \longrightarrow 2P+5CO$$

还原出的磷与铁结合形成Fe_2P或Fe_3P，溶于铁中。

实践证明，高炉还原磷的条件很有利，炉料的磷可全部进入铁中。

⑤ 去硫。硫以硫化铁（FeS）的形式存在。

可在炉料中加入石灰石：

$$FeS+CaO \longrightarrow CaS+FeO$$

生成的CaS进入炉渣，因此炉渣中过量的CaO，能去除较多的硫。

⑥ 造渣。造渣是矿石中的废料、燃料中的灰分与熔剂的熔合过程，熔合后的产物就是渣（渣是不同氧化物熔融的离子熔体）。

高炉炉渣主要由SiO_2、Al_2O_3和CaO组成，并含有少量的MnO、FeO和CaS等。

炉渣具有重要作用：通过熔化各种氧化物控制金属的成分，脱S、O和P；保护金属，防止金属被过分氧化；防止热量损失，起到绝热作用，保证金属不致过热；吸收夹杂物。

高炉炼铁的主要产品见图2-3。

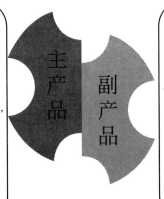

铸造生铁

含硅较多，其中的碳以游离的石墨形式存在，断面呈灰色，故又称灰口生铁，是铸造车间的原料

炼钢生铁

碳以 Fe_3C 形式存在，断面呈银白色，故又称白口生铁。它可作为炼钢的原料

特种生铁

包括高锰、高硅生铁，在炼钢时作为脱氧剂或用来为炼制合金钢时的附加材料

炉渣

含 SiO_2、CaO 和 Al_2O_3 的铝硅酸盐，主要用于生产水泥、造砖或铺路

煤气

在高炉煤气中含有含 26% 左右的 CO、CO_2、CH_4、H_2 和 N_2，可作为工业上的燃料，经除尘后可用于加热热风炉、炼焦炉、平炉和日常生活需要

图2-3　高炉炼铁的主要产品

4. 炼钢

炼钢是对生铁的一种精炼过程。它通过供氧、造渣、加合金、搅拌、升温等手段，将冶炼得到的金属进一步去除杂质，提高纯度，完成炼钢基本任务。

（1）炼钢过程的基本任务

炼钢过程的基本任务就是将生铁的碳、硅、锰氧化，炼到规定范围内，将有害元素硫、磷含量降到规格范围之下。

概括起来为：

四脱，脱碳、脱氧、脱磷、脱硫；

二去，去炉渣、去气体（如 N_2、H_2 等气体）；

二调整，调整成分（通过合金化调整成分）和温度，使钢的熔点温度升高。

（2）炼钢过程的物理化学原理

① 脱碳。脱碳反应是炼钢的最主要反应。

a. 碳被氧气直接氧化：

在温度高于 1100℃ 条件下 　　　　　　　　$2C + O_2 \longrightarrow 2CO$

b. 间接氧化：

在温度低于 1100℃ 条件下 　　　　　　　　$2Fe + O_2 \longrightarrow 2FeO$

$$C + FeO \longrightarrow Fe + CO$$

② 硅、锰的氧化。

a.直接氧化反应：

$$Si + O_2 \longrightarrow SiO_2$$

$$2Mn + O_2 \longrightarrow 2MnO$$

b.间接氧化，但主要是间接反应：

$$Si + 2FeO \longrightarrow SiO_2 + 2Fe$$

$$Mn + FeO \longrightarrow MnO + Fe$$

③ 脱磷：　$2Fe_2P + 5FeO + 4CaO \longrightarrow (CaO)_4 \cdot P_2O_5 + 9Fe$

④ 脱硫：　$FeS + CaO \longrightarrow FeO + CaS$

⑤ 脱氧（再还原）。通常采用的脱氧剂有：锰铁、硅铁和铝等。

$$Me + FeO \longrightarrow MeO + Fe$$

基本反应：

a.碳脱氧：　$FeO + C \longrightarrow Fe + CO$

b.锰脱氧：　$Mn + FeO \longrightarrow MnO + Fe$

c.硅脱氧：　$Si + 2FeO \longrightarrow SiO_2 + 2Fe$

d.铝脱氧：　$2Al + 3FeO \longrightarrow Al_2O_3 + 3Fe$

（3）炼钢方法

炼钢方法有转炉炼钢法、平炉炼钢法和电炉炼钢法。现代的主要炼钢方法为转炉炼钢法和电炉炼钢法。

① 平炉炼钢（图2-4）。用平炉以煤气或重油为燃料，在燃烧火焰直接加热的状态下，将生铁和废钢等原料熔化并精炼成钢液的炼钢方法。

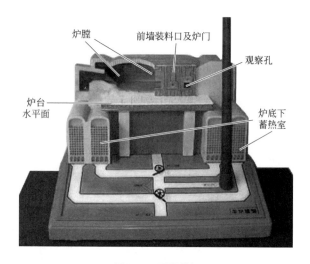

图2-4　平炉炼钢

特点:可大量使用废钢;对铁水成分的要求不像转炉那样严格,可使用转炉不能用的普通生铁;能炼的钢种比转炉多,质量较好。

因此,碱性平炉炼钢法问世后就为各国广泛采用,成为当时世界上主要的炼钢方法。但平炉炼钢由于炉体庞大、设备复杂、热效率低和生产率低等因素,20世纪50年代初期氧气顶吹转炉投入生产,从60年代起平炉逐渐失去其主力地位。许多国家原有的炼钢主力——平炉已经或正在陆续被氧气转炉和电炉所代替。

② 转炉炼钢(图2-5)。贝塞麦,英国冶金学家,20岁发明邮票印刷的新方法。后来全力进行炼钢法的研究,发现将熔化的生铁放进转炉内,吹入高压空气,便可燃烧掉生铁所含的硅、锰、磷、碳,从而炼成钢。这是首创大量产钢的方法。此后,欧洲、美洲都采用了这一先进方法,世界进入了钢铁时代。

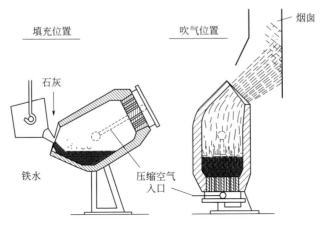

图2-5　使用梨形转炉的碱性贝塞麦工艺示意图
(空气从炉底吹入铁水,将铁水精炼成钢)

转炉炼钢是以铁水、废钢、铁合金为主要原料,不借助外加能源,靠铁液本身的物理热和铁液组分间化学反应产生热量而在转炉中完成炼钢过程。

转炉按耐火材料分为酸性和碱性,按气体吹入炉内的部位有顶吹、底吹和侧吹;按气体种类分为空气转炉和氧气转炉。碱性氧气顶吹和顶底复吹转炉由于其生产速度快、产量大,单炉产量高、成本低、投资少,为目前使用最普遍的炼钢设备。

转炉主要用于生产碳钢、合金钢及铜和镍的冶炼。

③ 电炉炼钢。随着工业生产的发展，对钢的质量要求更高，对品种的要求也越来越多，尤其是特殊性能合金钢的需求不断增长。在电力技术基础上发展的电炉炼钢法更好地适应了这一趋势。

电炉（也称为电弧炉）炼钢是通过石墨电极向电弧炼钢炉内输入电能，以电极端部和炉料之间发生的电弧为热源进行炼钢的方法。

电弧炉以电能为热源，具有体积小、操作简单、灵活性大、温度受控、性能较强等诸多优点，起初仅用于冶炼合金钢，现还可用于碳素钢的生产，已在生产中占据越来越重要的地位。

2.2　神秘的天外来客——陨石与陨铁

地壳中储藏的铁量比铜多得多，但铁的使用历史却比铜迟得多，我们的祖先在六千余年以前就认识了铜，而且用它来制造器具，而当时铁仍沉睡在地壳里。这是因为不少铜以自然铜（单质铜）形态存在于地表，很容易被人们发现和利用，而铁是混杂在多种矿石中共生，必须经过复杂的高温还原反应，才能把铁从铁矿石中分离还原出来。这种技术上的难点，在六千多年前是难以解决的。但是，宇宙给人类送来了最早的铁——陨铁（铁陨石），祖先们找到和利用了这些陨铁。所以陨铁就是人类最先认识的铁。

1.　陨石的分类

陨石是坠落地面的流星体的残余。

① 陨石按化学成分和特性可以分为三类：

第一类是普通陨石（石陨石，图2-6），它由硅酸盐矿物如橄榄石、辉石和少量斜长石组成，也含有少量金属铁微粒，有时可达20%以上。石陨石又分为两个子类：球粒陨

图2-6　石陨石

石与非球粒陨石。大部分陨石都是球粒陨石，约占所有观测陨石的86%。石陨石占陨石总量的95%左右。

第二类是石铁陨石（或称陨铁石，图2-7），它主要由铁镍和硅酸盐类矿物组成，铁镍金属含量30%～65%，这类陨石约占陨石总量的1.2%，在地球上很少发现。

图2-7　陨铁石

第三类是陨铁（或称铁陨石，图2-8），它的主要成分是铁镍，铁含量一般在90%左右，镍含量为4%～20%，所以很容易鉴别，因为地球上没有哪种矿石能够通过直接熔炼提供含量这么高而且成分均匀的镍。铁陨石只占陨石总量的3%。

图2-8　铁陨石

② 按来源分为月球陨石、火星陨石、水星陨石等。

月球陨石（图2-9）：月球受到小行星撞击后，月球物质进入地月空间，然后陨落到地球的陨石。

第一颗月球陨石——Yamato 791197，1979年于南极洲被发现，但当时并不知道它源自何方。第一颗确认源自月球的陨石为1981年在南极洲阿兰山发现的"81005"，重0.03kg，经科学家辨认，它与地球上的岩石不同，而与阿波罗宇航员采集的月球岩石所作的矿物学、化学成分及同位素成分比较，成分类似，认为可能是在月球上发生了碰撞或爆裂事件，使之落到地球上的，因此，把此陨石叫月球陨石。月球陨落的陨石的熔壳是玻璃质的熔壳。

图2-9　月球陨石

火星陨石：图2-10的这块陨石是1984年在南极洲发现的火星陨石ALH（艾伦-希尔斯）"84001"，是美国宇航局、美国国家科学基金会和史密森学会联合组成的南极陨石搜寻计划小组于1984年12月27日在南极洲艾伦丘陵中发现的。根据对其化学成分的分析，熔在陨石里的氮和氩与人类在20世纪70年代采集到的火星大气样本分析相符合，它是火星表面的岩石，可能受到彗星或小行星撞击后飞向地球，途中经过了1600万年的时间，降落到地球上的时间距今已经有1.3万年。陨石上有微生物化石存在的证据。

图2-10 火星陨石

据英国《每日邮报》2014年7月16日报道，美国"好奇"号火星车在火星上首次发现被称为"黎巴嫩"的宽达2m的巨大铁陨石。在地球上，铁陨石比石陨石的数量要少很多，而在火星上铁陨石的数量在我们所发现的许多火星陨石中占了绝大多数，科学家认为其部分原因来自火星上的侵蚀过程。这或可帮助科学家揭示为何火星陨石都富含铁的现象。

2. 陨石的主要识别特征

（1）外观：熔壳和气印（图2-11）

由于陨石从太空高速坠入地球，通过地球大气层时会产生高温摩擦使陨石表面熔融，所以陨石表面一般都有一层薄薄的熔壳，颜色呈黑色，有的呈现龟裂。

图2-11 陨石外观

陨石表面的另一特征，就是有许多像河蚌壳、指印形状的小凹坑，这是陨石与高温气流相互作用烧蚀后留下的痕迹，叫作气印。

（2）特殊组分

① 球粒。降落到地球上的陨石大多数为球粒陨石，该类陨石是较为原始的陨石类型，包含了很多太阳系早期的信息。

② 石铁陨石和石陨石球粒陨石含有金属，这些金属一般用肉眼很难看清，但可以通过两种方法来判别：

a.用磁铁进行验证。铁、镍等金属有磁性。

b.肉眼观察。由于强烈氧化后的陨石含金属铁，所以在地球环境中容易被氧化，肉眼看起来呈褐色。

③ 铁陨石主要成分为铁镍合金。

a.有很强的磁性；

b.铁陨石中镍含量高且成分均匀；

c.密度：$7.8g/cm^3$ 以上（密度 $4 \sim 6g/cm^3$ 的基本上就是铁矿石）；

d.维氏组织（图2-12）：切开陨铁，打磨断面后用95%的硝酸与5%的无水乙醇酸洗蚀刻，会出现独特的纹理，称作维德曼施泰滕组织或简称维氏组织。

图2-12　陨石的维氏组织

3.　陨铁的发现

世界上最早记载陨石的是中国和埃及，只有中国知道它是由流星落地变成的。《春秋》中记载，公元前600多年，有5块陨石落在河南商丘城北。历史学家左丘明就称它为陨石。这种认识比欧洲早了2000多年。

1790年7月24日，一块陨石落到法国南部的朱里亚克，当地民众称"捉到一块天外来石"。法国科学院回应："既然天上能掉下石头，那么，当然也能掉下5吨牛奶，说不定还会再加100块味道极好而且带血的牛排。"1803年，法国科学院才相信陨石雨的存在。

2013年2月15日，俄罗斯车里雅宾斯克州降下陨石雨，造成逾百人受伤。俄罗斯一位专业摄影师透露，发生陨石降落时，自己还担心是遭核弹侵袭。然而幸运的是，他在陨石划过天际的瞬间，本能地拍摄并记录下了最美的瞬间。

20世纪最壮观的一次陨石雨，是1976年3月8日下午3时，散落在吉林市的陨石雨。有100多万人听到火球发出的霹雳巨响，接着就发生爆炸，大小石头纷纷下坠，散落在72km长、8.5km宽的地带。这是现在世界上分布面积最大的一次陨石雨，共收集到100多块陨石，总重量达2700多千克。

图2-13　吉林1号陨石

目前世界上最大的石陨石是我国的吉林1号陨石（图2-13），重1770kg。

而目前最大的铁陨石是非洲纳米比亚的霍巴陨铁，长2.95m，宽2.84m，厚度在1.22m和0.75m，重约60t。这块大陨铁形成于约1.9亿至4.1亿年前，于3万至8万年前坠落到地球上。1920年被霍巴农场的开发者从泥土中无意间刨出。霍巴陨石的经济价值非常高，1955年，政府宣布这块陨石为国家遗迹。

我国新疆的大陨铁，重约3×10^4kg，是世界第三大陨铁。

陨石具有很高的科研价值，研究陨石有助于揭开太阳系的形成和人类生命起源的谜团。20世纪70年代，最普通的石陨石，每克也能卖到几十美元，较珍贵的陨石售价高达数千美元一克，比黄金贵得多。

图2-14是1986年拍摄的著名的哈雷彗星。它会不会在某一天也分裂成流星雨？

图2-14　哈雷彗星

4. 陨铁的应用

（1）武器

早期人类冶炼技术不发达，无法从铁矿石冶炼得到铁，而地球自然界几乎没有单质铁的存在，所以陨铁一度是铁的唯一来源。有人曾发掘出4000多年前尼罗河流域和幼发拉底河流域的铁珠和匕首，是由陨铁加工而成的。可以说，人类最早使用的铁，就是陨铁。

直到近代，马来群岛地区的马来克力士剑依然使用陨铁制造，一是因为马来群岛铁矿贫乏，且冶铁工艺不精；二是因为陨铁中含镍，可以增强刀身的坚利程度。

（2）饰品

铁陨石加工出来的饰品为亮银色。

Gibeon陨铁以美丽典型的维氏纹理以及相对出色的抗腐蚀能力闻名于世。

橄榄陨石是陨石中最漂亮的类型，它实际上是一种火成岩，透明或半透明的黄绿色橄榄石晶体镶嵌在银白色铁镍质中，当切割陨石并磨光切割面后，橄榄石和金属之间形成强烈的反差，形成非常漂亮的剖面。图2-15是由橄榄陨石制成的饰品。

图2-15　橄榄陨石饰品

纵观全球科技，人类对天体物理、太空科技、太阳系演化、生命起源等领域一直在不断地探索，陨石为这些科学领域的研究提供了最方便的样本。

正是通过陨石研究，促进了美国宇航局发射了火星探测器"机遇"号和"勇气"号。科学家通过一块南极火星陨石的研究，发现了该陨石存在疑似的火星远古微生物化石，成为一个全球科技热点。

而中国的月球探测首席科学家欧阳自远，三十多年前就开始研究陨石，最终也促进了中国探月工程的启动。

陨石研究是一项具有根本意义的人类伟大事业，其经济、科学、科普意义等都是巨大和深远的。

2.3 人类最早使用的金属——铜及铜合金

金属作为大自然的一种常见物质，与我们的生活密不可分，也是现今工业中使用最广泛的一类物质，那么你知道人类最早使用的金属是什么吗？

铜是约公元前9000年人类发现的第一种金属。约公元前6000年，人类创造了冶金术，开始了用天然矿石冶炼金属，在西亚出现了铜制品；发展到公元前3000年，出现了铜合金（添加锡、铅的青铜），形成了青铜器时代。史前时代使用的其他金属还有金、银、锡、铅和铁。在古代，铜对人类文明的发展产生了深远持久的影响，现今铜主要应用于制作导线、艺术品以及器皿等用途。铜天然存在于海洋、地壳、湖泊和河流中（图2-16），它在当今瞬息万变的全球世界中的作用不可低估。在智能手机、电脑芯片、大型工业电机、数码相机和工业变压器中都能找到铜金属。

图2-16 自然铜

1. 工业纯铜的一般特性

纯铜是玫瑰红色金属，表面形成氧化铜膜后呈紫色，故工业纯铜常称紫铜，密度为 $8 \sim 9g/cm^3$，熔点 $1083℃$。纯铜导电性很好，导热性好，塑性极好。纯铜产品有冶炼品及加工品两种，主要用于制作电导体及配制合金。工业纯铜分为4种：T1、T2、T3、T4。编号越大，纯度越低。纯铜的强度低，不宜用作结构材料。

2. 铜合金的分类

铜合金：在纯铜中加入某些合金元素（如锌、锡、铝、铍、锰、硅、镍、磷等），就形成了铜合金。铜中加入合金元素后，可提高合金的强度，并保持良好的加工性能。

铜合金按其主要组成和性能，可以分为三类，即黄铜、青铜和白铜。

① 黄铜（图2-17）——Cu 与 Zn 的合金。铜锌二元合金，也称"普通黄铜"。

黄铜具有良好的加工性能和优良的铸造性能，耐腐蚀性能也好。改变黄铜中锌的含量可以得到不同力学性能的黄铜。黄铜中锌的含量越高，其强度也越高，但塑性稍低。工业中采用的黄铜含锌量不超过45%，含锌量再高将会产生脆性，使合金性能变差。

图2-17　黄铜

特殊黄铜——为了改善黄铜的某种性能，在黄铜的基础上加入第三种其他元素，如添加硅元素，即称为"硅黄铜"等，习惯上把这些多元黄铜统称为"特殊黄铜"。常用的合金元素有硅、铝、锡、铅、锰、铁与镍等。

② 青铜（图2-18）：历史上应用最早的一种合金，原指铜锡合金，因颜色呈青灰色，故称青铜。锡青铜有较高的力学性能、较好的耐蚀性、减摩性和好的铸造性能；对过热和气体的敏感性小，焊接性能好，无铁磁性，收缩系数小。

图2-18　青铜

锡是一种稀缺元素，故可采用其他元素来代替，不含锡的青铜叫无锡青铜。无锡青铜主要有铝青铜、铍青铜、锰青铜、硅青铜等。例如铝青铜，有比锡青铜高的力学性能和耐磨、耐蚀、耐寒、耐热、无铁磁性，有良好的流动性，无偏析倾向，可得到致密的铸件。

③ 白铜（图2-19）：以镍为主要添加元素的铜基合金，呈银白色，有金属光泽，故名白铜。白铜具有较好的强度和塑性，能进行冷加工变形，抗腐蚀性能也好。

图2-19　白铜

白铜线是国际上应用比较广泛的一种耐蚀性材料和装饰结构材料，在仪器仪表、机电、化工、卫生和日用五金等工业部门用于制作耐蚀件、弹性元件、医疗器械、晶体壳体、电位器用滑动片和建筑材料等。但镍属于稀缺的战略性物资，价格比较昂贵。

3. 铜器的起源与发展

我们的祖先最初发现金属是从发现天然金属开始的。在制陶技术的影响下，人们逐渐认识冶铸术的三大要素：找矿、造型、熔炼的条件。此后人们就进入到有意识、人为配方的青铜冶铸时代。

现在发现的金属物品，最早的要算在西亚的铜器了，这些铜制作的钢珠、铜线约是在公元前7000年—公元前6500年生产的。在伊朗境内出土的铜质针、锥、刀、斧，约为公元前6000年—公元前5500年生产的。在古埃及地区出土的铜质锥、针、斧，鉴定为公元前5000年—公元前4000年制作。叙利亚出土的铜质针、薄片和工具，鉴定为公元前4500年—公元前3100年制作。巴勒斯坦出土的含砷铜器（工具、饰物），约是公元前3500年—公元前3200年制作的。甘肃马家窑出土的单刃青铜刀是我国目前已知的最古老青铜器，经碳14鉴定距今约5000年。

世界上几个文明古国大体上是在公元前3000年—公元前2000年先后进入"青铜时代"。

按我国历史朝代来看，大致可以分为六个时期：商器、西周器、春秋器、战国器、汉器和汉以后青铜器。

按技术发展的阶段，概括起来可以分为三个时期：

萌生时期：从新石器时代晚期至商初，跨越夏王朝。夏代铜器的遗物有夏朝铜刀、夏朝青铜器。这个时期的一个重大转折就是由原始社会转变为奴隶社会。青铜器的使用是作为从原始社会过渡到奴隶社会的一个重要标志。

成熟时期：从商中期至西周初。青铜器生产已初具规模，技术也逐渐成熟。由于生产、战争、祭祀的需要，品种增多，制造质量提高。包括生活上使用的酒具、盛食用具、烹煮用具，生产上使用的工具，以及兵器。该时代最典型的代表作为"后母戊鼎"。

鼎盛时期：从西周中期到春秋战国。西周中期有青铜冶铸业基地，发展了技术，逐渐形成了独特的风格。春秋时期，古代的青铜铸造进入了一个新的发展时期。著名的"六齐"就是该时代具有代表性的品种。象征奴隶主权力的青铜礼器，随着奴隶社会的崩溃而退出了历史舞台，结束了两千多年的"青铜时代"，但青铜冶铸业仍然随着封建社会经济有了进一步发展，在生活工具、生产工具和艺术品方面有了更广泛的应用：封建社会商品经济重要交换手段的货币——铜币大量应用，青铜镜应用日益广泛，铜坯鎏金技术成熟推广，用于大钟、大佛、铜亭等。这些青铜制品对社会的发展与进步起了积极的贡献。

4. 铜的铸冶技术

图2-20的埃及古墓壁画是人类冶金业的最早纪录之一。

图2-20　埃及古墓壁画

从安阳殷墟的挖掘中，发现了孔雀石、木炭块、陶制炼铜用的将军盔以及煤渣，说明了3000多年前我国古人从铜矿取得铜的另一种方法：将一些鲜绿色的孔雀石[CuCO₃·Cu(OH)₂，碱式碳酸铜]和深蓝色的石青[2CuCO₃·Cu(OH)₂]等矿石在空气中燃烧后得到铜的氧化物，再用碳还原，便可得到金属铜。

春秋战国时期，齐国工匠总结科技经验写成的《考工记》一书，提出了"金有六齐"，这是世界科技史上最早的冶铜总结，根据器物的不同用途进行了不同的铜合金配比，这也是世界上最早的铜合金配料规律：

金有六齐，六分其金而锡居一，谓之钟鼎之齐；五分其金而锡居一，谓之斧斤之齐；四分其金而锡居一，谓之戈戟之齐；三分其金而锡居一，谓之大刃之齐；五分其金而锡居二，谓之削杀矢之齐；金、锡半，谓之鉴燧之齐。

由此可知，我们的祖先已经掌握了锡青铜中含锡量与力学性能的关系，对锡青铜配比的掌握走在了世界的前列。

铜冶金技术的发展经历了漫长的过程，但至今铜的冶炼仍以火法冶炼为主，图2-21所示为现代火法炼铜的生产过程，其产量约占世界铜总产量的85%，现代湿法冶炼的技术正在逐步推广，湿法冶炼的推出使铜的冶炼成本大大降低。

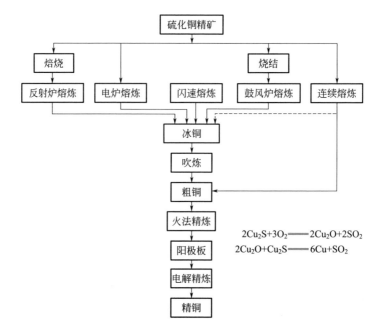

$$2Cu_2S+3O_2 =\!=\!= 2Cu_2O+2SO_2$$
$$2Cu_2O+Cu_2S =\!=\!= 6Cu+SO_2$$

图2-21　现代火法炼铜的生产过程

　　我国的铜与铜合金生产技术不断创新，进入了世界先进水平。例如，能生产出重达几十吨的国际先进的大型铜合金螺旋桨，适用于各种需求的铜合金应有尽有。

2.4　青铜铸文明——邀你走进青铜器的世界

　　公元前21世纪，中国全面进入青铜时代，在商周奴隶制社会，青铜器是代表贵族身份的礼器。文饰精美、形象生动、技术高超、种类繁多的古青铜艺术是中国历史上灿烂的文化遗产，对中华民族以后各种艺术的发展都产生了深远的影响。

1.　越王勾践剑不锈之谜

　　提到中国的古剑，人们第一反应，自然是战国时期的越王勾践剑（图2-22）。

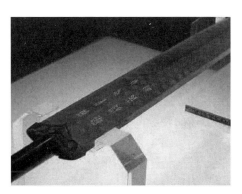

图2-22　越王勾践剑

　　越王勾践剑出土于湖北江陵望山楚墓，剑上鸟篆铭文刻字"越王勾践，自作用剑"，素有"天下第一剑""青铜剑之王"的美誉。勾践剑为何在墓中被水浸泡2400多年仍锋芒毕露、寒气逼人？

　　随着对越王勾践剑研究的不断深入，专家认为越王勾践剑的不锈之谜原因有三：

　　① 越王勾践剑含Cu约为80% ～ 83%、Sn约为16% ～ 17%，还有少量的Pt和Fe。主要成分铜是一种不活泼的金属，在日常条件下一般不容易发生锈蚀。

　　另外，还有研究发现，剑身上镀了一层10 μm厚的铬盐化合物。铬是一种极耐腐蚀的稀有金属，这是它千年不腐的一个原因。这一发现立刻轰动了世界，因为这种铬盐氧化处理方法，只是近代才出现的先进工艺，德国在1937年、美国在1950年先后发明并申请了专利。

　　② 剑身经过硫化处理。这些处理会在剑的表面生成薄薄一层极其致密的金属氧化膜，覆盖在剑的表面，使内部的金属不暴露，因而不被锈蚀。

　　③ 外部环境。该剑出土于棺中，插在髹漆的木质剑鞘内，这座墓葬深埋在数米的地下，一椁两棺，层层相套，椁室四周为经过夯实的填土等，墓室几乎成了一个密闭的空间，基本隔绝与外界空气的交换；墓室曾经长期被地下水浸泡，墓室内空气的含量更少，且地下水酸碱性不大，基本上为中性。这应是越王勾践剑不锈的主要原因。

　　不过该剑出土时并不是绝对没有生锈，只是其锈蚀的程度十分轻微，人们难以看出。其次，出土至今该剑的表面已经不如出土时明亮，说明在目前这样好的保管条件下，锈蚀的进程也是难以绝对阻止的。

2.　后母戊鼎

　　商后母戊鼎（图2-23），出土于河南安阳殷墟的一座商代古墓中，是商王祖庚或祖甲为祭祀母亲戊而作的祭器，是商周时期青铜器的代表作、国家一级文物，作为镇馆之宝收藏于国家博物馆。鼎高133cm，重832.84kg，为已知的中国古代体量最大的单体青铜器，被誉为"青铜器之王"。制作如此大型的器物，在塑造泥模、翻制陶范、合范灌注等过程中，存在一系列复杂的技术问题，同时必须配备大型熔炉。

　　后母戊鼎的铸造，充分说明商代后期的青铜铸造不仅规模宏大，而且组织严密，分工细致，显示出商代青铜铸造业的生产规模与杰出的技术成就，足以代表高度发达的商代青铜文化。

图2-23　商后母戊鼎

3. 四羊方尊

四羊方尊（图2-24）出土于湖南宁乡黄材镇月山铺转耳仑的山腰上，是商朝晚期青铜礼器，祭祀用品。位列十大传世国宝之一，收藏于中国国家博物馆。

图2-24　四羊方尊

4. 西汉"透光镜"

在上海博物馆有一面传世西汉"透光镜"（图2-25）。初看上去，这面铜镜与一般古时妇女用以梳妆的铜镜似乎没有什么区别。可是，当镜面反射阳光时，竟会产生一种令人不可思议的"透光现象"，即镜面的反射光在墙壁或屏幕上形成一个与镜背纹饰一模一样、明暗相间的反射图像。反射图像清晰，使人感到阳光好像是从镜面的薄壁处透过、而厚壁处才反射阳光，所以被称为"透光镜"。这种"透光镜"已为稀见，其制作技术至宋代已失传。

图2-25　西汉"透光镜"

上海博物馆和复旦大学一起采用淬火处理方法，制得了具有"透光"现象的青铜镜，并且提出了铜镜透光的机制："透光镜的透光现象是由于热处理过程中产生的应力而造成镜面与镜背图案相应的凹凸不平而发生的。淬火时，镜体薄处冷却得快，厚处冷却得慢，厚处冷却时收缩应力使镜面的相应部分下凹，或薄处镜面凸出。反光时，下凹部分光线会聚，因而厚处较亮；凸起部分光线发散，因而薄处较暗"。上海交通大学采用与传统制镜工艺相仿的铸磨法也成功地复制出与传世西汉"透光镜"的"透光"效应完全一致的透光镜。

5. 战国曾侯乙编钟

曾侯乙编钟（图2-26）是在湖北省随县（今随州）曾侯乙墓出土的。编钟的出土震惊了世界音乐界和铸造界。这是一套由65个青铜编钟组成的集合体。编钟总重量2500kg，全套编钟音色淳美。总音域包括五个半八度，音律准确。

图2-26　曾侯乙编钟

全套编钟每件上都铸有铭文，只要准确地敲击编钟的标音部位，即能发出与铭文相符的乐音。铭文还记录了战国时期各诸侯国的音律名及音阶名的相互关系，是令人惊叹的古代音乐资料。

6. 永乐大钟

我国有多少名山古寺，就有多少钟的踪影。钟分为奏乐、庆典用的乐钟，朝廷祭祀用的朝钟，以及佛钟等，每一口钟自有一番历史。

号称"世界钟王"的永乐大钟（图2-27），现悬挂在北京大钟寺。明成祖朱棣迁都北京时，铸造该钟为定鼎之物。为了使大钟达到洪亮幽雅的音响效果，钟的壁厚上下不一，据测量，最薄处厚94mm，最厚处达185mm，相差约为1倍。

此钟有"钟王五绝"的美誉：

① 形大量重、历史悠久。大钟重46t，高6750mm，最大直径3300mm。

② 世界上铭文字数最多的一口大钟。内外铸有经文23万多字，无一字遗漏，铸造工艺精美，为佛教文化和书法艺术的珍品。

③ 大钟洪亮幽雅的音响是第三绝，其声音振动频率与音乐上的标准频率相同或相似，轻击时，

图2-27　永乐大钟

圆润深沉；重击时，浑厚洪亮，音波起伏，节奏明快优雅。声音最远可传几十里，尾音长达两分钟以上，令人称奇叫绝。

④ 科学的力学结构。永乐大钟的悬挂纽是靠一根与钟体相比显得很小的铜穿钉连接的。别看它很小，却恰恰在它所能承受四十多吨的剪应力范围之内。

⑤ 高超的铸造工艺。

7. 三星堆出土的青铜立人像和青铜纵目面具

青铜立人像（图2-28）铸于商代晚期，人像高180cm，通高260.8cm，是世界上最大的青铜立人像，被尊称为"世界铜像之王"。

图2-28　三星堆青铜立人像

青铜纵目面具（图2-29），宽138cm，高66cm，在三星堆出土的众多青铜面具中，是造型最奇特、最威风的之一。

图2-29　三星堆青铜纵目面具

8. 秦陵铜车马

秦陵铜车马（图2-30）出土于中国陕西临潼秦始皇陵坟丘西侧，是目前发现年代最早、形体最大、保存最完整的铜铸车马。共两乘，一前一后排列。

这两乘铜车马都是事先铸造而成，后又经过细部加工，工艺水平非

图2-30　秦陵铜车马

常之高。铜马身上璎珞和链条用的铜丝直径仅0.5mm左右，有的则更细。据推测，铜车马坑是秦始皇陵陪葬坑组成的一部分，对研究中国古代车马制度、雕刻艺术和冶炼技术等，都具有极其重要的历史价值，是国宝级文物。

9. 世纪宝鼎

中华文明既需要薪火相传，代代守护，也需要与时俱进，推陈出新。

世纪宝鼎（图2-31）气势宏伟地屹立在联合国总部大厦绿色的草坪上。这是1995年10月，在美国纽约举行的联合国成立50周年盛大庆典上，我国向联合国赠送的一份世纪礼物。

图2-31　世纪宝鼎

　　此宝鼎被称为"夏后氏铸鼎以来最宏伟之作"。它高 2.1m，象征着 21 世纪的到来。口径 1.5m，重 1.5t。三足鼎立，双耳高耸，气势宏伟，古朴典雅。此宝鼎向全世界再一次展现了中国青铜艺术的无限魅力。

　　在中国的青铜器上，我们可以感受到中华文明积淀的过程，它典雅和谐的特质与中国文化含蓄深邃的特点紧密契合。

2.5　铝合金的小秘密你知道多少

　　由于铝的储量非常丰富，并且具有优良的性能，决定了铝在工业和生活中应用广泛，给行业带来了巨大的社会环境效益，并得到了越来越广泛的认同。

　　在远古时期，人类就开始用含铝的黏土制成陶器，但是由于铝化合物的氧化性很弱，铝不易从其化合物中被还原出来，因而迟迟不能分离出金属铝。所以它在地球上的使用明显比铜、铁等金属晚得多（图 2-32）。和铜、铁相比，铝是年轻得多的金属。但是铝在地壳中的蕴储量极大，分布极广。地壳中铁占 4.7%，而铝占 7.5%（图 2-33），比地壳中所有有色金属的总和还要多。

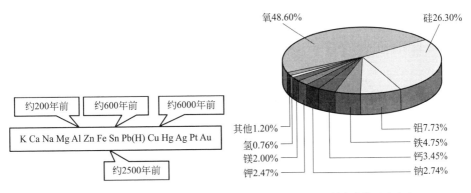

图 2-32　铜、铁、锡和铝被开发利用的大致年限　　　　图 2-33　地壳中的元素丰度

　　现在铝是司空见惯的东西，可在两百年前，当人类第一次看到铝时，把铝当作稀有的宝贝来看。在 1825 年时，德国化学家维勒和丹麦化学家奥斯特（图 2-34）虽然把从铝矿中用还原的方法将铝提炼出来，但这仍没有改变其物以稀为

贵的情况。那时的铝还被列入稀有材料和艺术珍品的行列。

图2-34　德国化学家维勒（左）和丹麦化学家奥斯待（右）

在18世纪时，铝甚至比黄金还珍贵。当时铝的售价是多少呢？根据1845年巴黎有关部门的一项记载，每千克铝的售价约6000法郎，这在当时比黄金还贵得多。因此当时人们称铝为"银色的金子"，或叫"轻银"。

法国拿破仑三世是一位极负盛名的铝品收藏家，他甚至连衣服上的纽扣和怀表壳都要用铝来制造，以显示他的尊贵和阔绰。他还把将军旗上的银鹰换成铝鹰，每逢盛大国宴，只有他和王室成员才能荣幸享用铝制的餐具，而且只有在招待最尊贵的客人时才肯使用，一般客人只能使用普通的金制、银制器具。

无独有偶，当90年前铝初次传入中国时，有许多人不识铝为何物，误以为铝是从钢中精炼出来的，因此又叫铝为"钢精"（图2-35）。

图2-35　钢精锅（铝制品）

纯铝较软，银白色，无磁性。尽管铝是地壳中含量第三多的元素，但铝在自然界通常以氧化物的形式存在。铝与氧的结合十分牢固，难以用普通冶炼的方式分离，只能采用昂贵的金属钠来替换，用这种方法制得的铝当然不会便宜。这种状况一直持续到19世纪后期有了生产铝的电解法后才得以改变。美国的霍尔和法国的埃鲁于1886年各自独立地用电解的方法，从熔融的铝矾土中提炼出铝。目前，世界上几乎所有的铝都是由这种方法生产的。铝的产量因而猛增，但也正因如此，铝价一落千丈，在此之前一件价值500美元的铝制餐匙，瞬间跌到只值几美分。但因为要用电解法才能大量得到铝，因而生产铝所耗的电能一般都比较大。

20世纪初，德国冶金学家威尔姆把铜、镁、锰等加入到铝中，得到了强度比铝本身高得多的合金，简称铝合金，并获得了专利。后来，德国一家公司买下了这项专利，并于1911年生产出第一批新型的铝合金。为了纪念最早工业生产铝合金的地方——杜拉市，便把这种铝合金称为"杜拉铝"，后来又称为硬铝。从此，铝有了硬度上的保证。于是，铝重量轻的优点便开始在航空工业中显示威力。1915年，德国首次采用这种硬铝合金制作飞机的蒙皮和骨架，生产了全金属飞机，使飞行速度增加十余倍，而载重量猛增100倍，各国因而迅速发展了多种类型的飞机。硬铝合金的使用引起了航空工业的一次飞跃。因此铝被称为"带翼的金属"。

铝合金是以铝为主要材料的合金总称，主要的合金元素有铜、硅、镁、锌等，铝合金具有抗腐蚀、易于加工、强度高、密度小等优点。

1. 铝及铝合金的特点

（1）密度低、比强度高

铝是元素周期表中第Ⅲ族（类）主族元素，纯铝的密度小（$\rho = 2.72g/cm^3$），大约是铁的1/3，所以铝合金密度也比较小。

铝的熔点低，为660℃，随着杂质含量的增加，熔点降低。纯铝的沸点约为2467℃，含有杂质时，沸点下降。

纯铝的强度很低，退火状态 σ_b 值约为8kgf/mm^2（1kgf≈9.8N），故不宜作结构材料。

铝合金比强度高（通过长期的生产实践和科学实验，人们逐渐以加入合金元素及运用热处理等方法来强化铝，这就得到了一系列的铝合金。添加一定元素形成的合金在保持纯铝质轻等优点的同时还能具有较高的强度，σ_b 值可达 $24 \sim 60$ kgf/mm²。这样使得其"比强度"（强度与密度的比值 σ_b/ρ），远比灰铸铁、铜合金和球墨铸铁高，仅次于镁合金、钛合金和高合金钢（高合金钢是指在钢铁中有合金元素在10%以上的合金钢），成为理想的结构材料，广泛用于机械制造、运输机械、动力机械及航空工业等方面，飞机的机身、蒙皮、压气机等常以铝合金制造，以减轻自重。采用铝合金代替钢板材料的焊接，结构重量可减轻50%以上。

（2）优良的物理、化学性能

铝的导电性和导热性均很好，其导电性仅次于银和铜，居第三位。为了节约铜的用量，可以用铝来制造电线、电缆等各种导电制品，还可用作电器、电子设备的散热片及各种散热器的导热元件。

铝与氧的亲和力很大，在室温中即能与空气中的氧化合，表面生成极薄又致密的三氧化二铝（Al_2O_3）膜，此膜厚度约为 2×10^{-6} mm，与铝基体紧密结合，没有空隙，可以阻止氧向金属内部扩散而起保护作用。当保护膜破损，又能迅速生成新的膜，恢复保护作用，所以铝在大气中有优良的抗蚀能力。这样，铝及铝合金在生产上不需要特殊的防氧化措施，简化了生产工艺。铝在碱和盐溶液中抗蚀性不佳；因为氧化膜易被破坏，引起铝的强烈腐蚀；在热的稀硝酸、稀硫酸中铝的耐蚀性不好，氧化膜极易溶解。

铝和铝合金可以进行阳极氧化处理，形成坚固的、各种色彩的保护膜，起到保护和装饰作用。

（3）加工性能好

铝铸造性能好、易于塑性变形，经热处理后还具有很高的强度。铝是面心立方结构，故具有很高的塑性（伸长率 δ 为 $32\% \sim 40\%$，断面收缩率 ψ 为 $70\% \sim 90\%$），易于加工，通过各种冷、热压力加工（锻、轧、压等方法）可被制成各种管、板、棒、线等型材。工业上使用广泛，使用量仅次于钢。2008年北京奥运会火炬"祥云"就是铝合金制作的。在压力加工后再经过退火处理，铝的塑性更好，可以制成厚度为0.000638mm的铝箔和极细的铝丝，伸长率达到了30% ～ 40%。

2. 铝合金的分类

根据铝合金的化学成分和生产工艺特点，通常将铝合金分为变形铝合金和铸造铝合金两大类。

（1）变形铝合金

包括防锈铝合金、硬铝合金、超硬铝合金及锻铝合金等。

变形铝合金的特点是，经过熔炼浇注成铸锭后，再经热挤压可被加工成各种型材、棒材、管材和板材。所以，对此类合金的要求是具备优良的冷、热加工工艺性能，合金中合金元素的含量均比较低，材料的塑性较好。变形铝合金按其成分和性能又可分为非热处理的强化铝合金和可热处理强化的铝合金。

不能进行（非）热处理的强化铝合金的合金元素含量比可进行热处理的强化铝合金的合金元素含量更低。但此类合金具有良好的抗蚀性，所以称为防锈铝合金。防锈铝合金中主要合金元素是锰和镁。

LF21（Al-Mn合金）：抗蚀性和强度比纯铝高，有良好的塑性和焊接性能，但因太软而切削加工性能不良。用于焊接件、容器、管道，或需用深延伸、弯曲等方法制造的低载荷零件、制品以及铆钉等。

可进行热处理的强化铝合金通过热处理能显著提高力学性能。此类铝合金包括硬铝、锻铝和超硬铝。

（2）铸造铝合金

将液态铝合金直接浇铸在砂型或金属型内制成各种形状复杂的甚至薄壁的零件或毛坯的合金。

为了使合金具有良好的铸造性能和足够的强度，铸造铝合金中合金元素的含量一般要比变形铝合金多。常用的铸造铝合金中，其合金元素的总量约为8% ～ 25%。

铸造铝合金除具有良好的铸造性能（流动、收缩、抗裂性）外，还具有较好的抗腐蚀性能和切削加工性能，可制成各种形状复杂的零件，并可通过热处理改善铸件的力学性能。同时由于熔炼工艺和设备比较简单，因此铸造铝合金的生产成本低，尽管其力学性能不如变形铝合金，但仍在许多工业领域获得了广泛的应用。

铸造铝合金主要有 Al-Si 系、Al-Cu 系、Al-Mg 系和 Al-Zn 系等。

3. 铝的冶炼

铝冶炼的原料最主要的是铝土矿，它的主要化学成分为 Al_2O_3，其中铝的质量分数可达 40% ～ 70%，主要杂质是氧化硅、氧化铁和氧化钛。此外，还含有少量的钙和镁的碳酸盐，或微量钾、钠、钒、铬、锌、磷、镓、钪、硫等元素的化合物及有机物等。我国铝土矿资源丰富，主要分布在河南、山西、广西、贵州、山东等地。

从铝土矿中提取纯铝，不能通过各种化学处理把铝还原出来得到粗金属。这是因为铝的化学活性很强，非常容易与氧结合成稳定化合物。所以铝的冶炼必须包括两个环节：一是从含铝的矿石中制取纯净的氧化铝；二是采用熔盐电解氧化铝得到纯铝。这就是造成人类与铝的认识时间短，铝成为一种年轻金属的原因。尽管铝在地壳中的储量比铁多，但是铝的生产工艺要比铁复杂得多，铝是比较活泼的金属元素，冶炼需要通过电解法，在整个生产过程中所要消耗的成本比铁高，所以铝的价格要高于铁。图 2-36 是电解铝工艺流程。

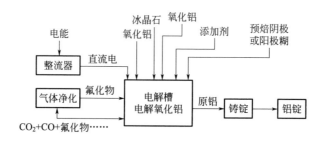

图2-36   电解铝工艺流程

目前用于大规模工业生产氧化铝的只有碱法。碱法生产氧化铝有拜耳法（湿碱法）、烧结法（干碱法）以及拜耳-烧结联合法等多种流程。

拜耳法用于处理高铝硅比的铝土矿，流程简单，产品质量高，其经济效果远比其他方法好。用于处理易溶出的三水铝石型铝土矿时，优点更是突出。目前，全世界生产的氧化铝和氢氧化铝，90%以上是用拜耳法生产的。由于我国铝土矿资源的特殊性，目前我国大约50%的氧化铝是由拜耳法生产的。

将拜耳法和烧结法二者联合起来的流程称为联合法生产工艺流程。联合法又可分为并联联合法、串联联合法与混联联合法。

采用什么方法生产氧化铝，主要是由铝土矿的品位（即矿石的铝硅比）来决定的。从一般技术和经济的观点看，矿石铝硅比为3左右通常选用烧结法；铝硅比高于10的矿石可以采用拜耳法；当铝土矿的品位处于二者之间时，可采用联合法处理，以充分发挥拜耳法和烧结法各自的优点，达到较好的技术经济指标。

上一步我们得到的是α-氧化铝，还要冶炼成金属铝。氧化铝的熔点（2054℃）很高，直接加热使其溶化需要消耗很大的能量。

目前工业生产原铝的唯一方法是霍尔-埃鲁铝电解法，是以氧化铝为原料、冰晶石（Na_3AlF_6）及其他氟化盐等为熔剂组成的电解质，把其放入碳素阳极和阴极所组成的电解槽中，通入强大的直流电，在950～970℃下，使电解质发生一系列物理化学变化，电解质熔体中的氧化铝分解为铝和氧，结果铝在碳阴极以液相形式析出（液体铝）；阳极得到氧，它使碳阳极氧化而析出气体二氧化碳和一氧化碳。

4.　铝及铝合金的应用

铝的工业应用主要有纯铝和铝合金两种形式。由于铝具有一系列突出优点，又能与其他元素形成优质的铝基轻合金，所以在电气、航空、航海、汽车工业、石油化工、军事、建筑等部门占有重要的地位。

纯铝：纯铝可用于制作高压输电线、电缆壳、导电板及各种电工制品。

铝合金：铝合金可用于汽车、装甲车、坦克、飞机及舰艇的部件，如汽车发动机壳体、活塞、轮毂，飞机机身、机翼的蒙皮；建筑行业的门窗构架；日常生活用品；包装及家具，等等。

铝空气电池具有较高的能量密度，在使用过程中可实现零排放、无污染，且易于回收，可用作动力电池、信号电池等，有广阔的应用前景。

铝及铝合金应用实例不胜枚举，与人类社会密切相关，在现代社会进步与文明中起着巨大的作用。

2.6   年轻有为"钛"厉害

金属材料种类繁多，以钢铁应用最为广泛。钢铁强度大，但容易生锈；铝合金重量轻，但不耐高温；金属铜导电性强，但密度太大，也会生锈。当前最理想的多面手金属材料业界公认是钛及钛合金。

为什么这样说呢？首先从性质上来看，金属钛密度大约是钢铁的一半，但强韧度如钢铁，且不生锈、熔点高，符合应用领域的诸多条件，也被称为"21世纪金属""太空金属"等。

如果说钢是19世纪风光一时的金属，铝、镁是20世纪流行于世界的金属，那么钛就是21世纪金属中的宠儿！

1.   纯钛的性能及制取

钛是一种新型金属，银灰色。钛的性能与所含碳、氮、氢、氧等杂质含量有关，99.5%工业纯钛的性能为：熔点高（约1725℃），密度小（4.5g/cm³），比强度高，位于金属之首，同等重量比钢和铝更加结实；韧性好，无磁性；热膨胀系数小；抗蚀性优异，耐高温、低温；无毒，生物兼容性好；具有记忆功能；等等。它具有不寻常的综合优点，是一个人见人爱的"多面手"。因此，钛被人们称为继铁、铝之后的"第三金属"。

钛的主要矿石是金红石（TiO_2）和钛铁矿（$FeTiO_3$），它的发现也正是从这两种矿石的分析而来。

早在1791年，英国牧师格雷戈尔，也是一位科学家，分析出产在他们教区内的一种黑色矿砂，一开始他以为这是磁铁矿的粉末，因为这种砂可以被磁铁吸引。他仔细分析了这种砂以后，发现其中有相当多的氧化铁，但还剩下45.25%是一种白色的粉末，他无法确定这是何种物质，因为这种白色粉末和当时已经发现的任何物质性质都无法匹配。他猜想其中可能有一种跟铁类似的新金属元素，他提交了这起发现的报告，这份报告被记录在康沃尔皇家地质学会和德国科学期刊《克雷尔编年史》中。同年稍晚一点，德国化学家克拉普罗特研究了金红石（较纯净的二氧化钛），认为其中有一种新元素。因为这个新元素是从土里提炼出来的，所以他用古希腊神话里的"泰坦巨人"（本意为"土地的儿子"）来命名它，翻译成中文就是"钛"。当他听到格雷戈尔之前的发现之后，确认了钛铁矿里面确实存在一种跟他发现的一样的元素。他表现了大家风范，并没有跟格雷戈尔去争夺钛的发现者这个名头，而他给钛元素的命名也被广为接受。

　　钛被确认为元素以后，仍然隐身了好久，因为提取出来的二氧化钛无比稳定，很难分解。即使在高温下用电将钛分解出来，它也会马上和周围的碳、氢、氮等剧烈化合，单质的钛太难制取了。所以人们也一直将钛称为"稀有金属"。其实呢，正好相反，钛是地壳中含量较多的元素之一，约占地壳重量的0.6%，位居第十位（地壳中元素排行：氧、硅、铝、铁、钙、钠、钾、镁、氢、钛），是铜的80倍，银的6万倍，而钛资源在金属中则列居第七位。我国钛资源丰富，存储量居世界前列。

　　一直到1910年，美国伦斯勒理工学院的亨特在700 ～ 800℃高温下用钠还原四氯化钛，终于得到了99.9%的金属钛。这种方法被称为"亨特法"。

　　亨特法使用的还原剂是昂贵的钠，仍然不能满足大规模生产。1932年，来自卢森堡的科学家克罗尔用相对便宜的钙在800多摄氏度高温下还原四氯化钛，获得成功并开始商业化。几年以后，他又用更加易于保存的镁代替钙，这种方法一直沿用至今，被称为"克罗尔法"。1950年，美国的Beal等在进行真空自耗电极电弧炉熔炼的试验时发现了大熔池能保持可供浇注铸件用的一定数量的熔融钛。人们终于找到了适用于钛合金的冶炼工艺及设备——真空自耗电极电弧炉（图2-37），这样才使得钛开始走向工业化的生产。不过，最初的产量很少，直到20世纪80年代才有较大的发展，就金属的应用来说，钛可以说是名副其实的"小弟"！

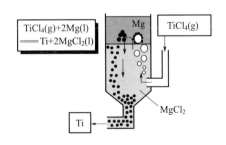

图2-37　真空自耗电极电弧炉工艺

2. 钛合金的分类及性能

　　钛合金是以钛元素为基加入其他元素组成的合金。钛有两种同质异晶体：在低于882℃时呈密排六方晶格结构，称为 α - 钛；在882℃以上呈体心立方晶格结构，称为 β - 钛。

利用钛的上述两种结构的不同特点，添加适当的合金元素，使其相变温度及组分含量逐渐改变，而得到不同组织的钛合金。

钛及钛合金一般按退火状态下的相按结构分为：α 相、β 相和 α + β 双相的三种类型。

α 钛合金，以 TA 表示。

β 钛合金，以 TB 表示。

α + β 钛合金，以 TC 表示。

α 钛合金是 α 相固溶体组成的单相合金，高温性能好，组织稳定，焊接性好，在 500 ～ 600℃ 的温度下，仍保持其强度和抗蠕变性能，是常用耐热钛合金，但常温强度低，塑性不高，不能进行热处理强化。

β 钛合金是 β 相固溶体组成的单相合金，塑性加工性好，合金浓度适当时，通过热处理可获得高的常温力学性能，是发展高强度钛合金的基础，但热稳定性较差，不宜在高温下使用。

α + β 钛合金是双相合金，具有良好的综合性能，组织稳定性好，有良好的韧性、塑性和高温变形性能，能较好地进行热压力加工，能进行淬火、时效使合金强化。热处理后的强度约比退火状态提高 50% ～ 100%；高温强度高，可在 400 ～ 500℃ 的温度下长期工作，其热稳定性次于 α 钛合金。

三种钛合金中最常用的是 α 钛合金和 α + β 钛合金；α 钛合金的切削加工性最好，α + β 钛合金次之，β 钛合金最差。

3.　钛及钛合金的应用

钛合金因其高强度、高耐热性、高耐蚀性的优良性能而被大量地应用于各领域。

钛是火箭、导弹和航天飞机不可缺少的金属材料。AlloyC 是一种新型高温钛合金，使用温度高达 650℃，用于制造发动机的排气管。

目前蓝天上飞行的飞机很多都是用铝合金制造的。但是，当飞机的速度达到两倍音速时，机身的温度会比一倍音速的飞机高大约 100℃；当速度达到 3 倍音速的时候，机身温度，达到大约300℃，这时铝合金的强度将会大大降低，如果强行飞行，铝合金飞机会在空中碎裂，发生十分可怕的空难事故。所以，人们一般将飞机速度达到音速2～3倍的区域看作是难以逾越的"热障"。那么，能不能越过这个障碍呢？

能！

钛合金就是这些新型材料中的佼佼者。钛合金在温度达到550℃时，强度仍无明显的变化，所以它能胜任飞机以3～4倍音速下的飞行。

更可贵的是，钛合金还同时具有优异的耐低温性能，可在-253～-196℃的低温下保持较好的延伸性和韧性，特别符合太空环境对材料的要求。因此，钛又被称为"太空金属"，广泛应用于人造卫星的外壳、航天飞机的骨架和蒙皮、卫星的登月舱及推进系统等，现代的宇宙飞船座舱几乎全部用钛制成。

未来钛合金技术将用于装甲的制造。钛合金的质量效率高于传统的均质钢，无论是制作成战车的框架还是车体，抑或是做成防护装甲，都具有较好的性能。特别是钛合金拥有良好的抗弹能力，这样就没有必要再加装附加装甲了。钛合金还拥有高强度、耐腐蚀性等特点，从而能够拥有更好的维护性，降低维护成本。

船舶工业：由于钛具有极好的耐腐蚀性能，它的抗腐蚀性能大大超过不锈钢材料，在相关领域有重要的应用。钛是目前能大量生产的、几乎完全不被海水腐蚀的金属之一，是舰船、海洋工程的理想材料，可用于深海潜水调查船的耐压壳体。比如，俄罗斯的"台风"级核潜艇每艘用钛就达到9000t，不仅能增加潜水深度，而且可提高航行速度。我国的"蛟龙"号采用了厚度极高的钛合金艇壳，设计极限深度可达7000多米。

钛还被大量用于海洋石油开采和海滨电站。因此，钛又被称为"海洋金属"。

民品工业：用于电磁烹调器具、网球球拍、高尔夫球头、眼镜架。

汽车工业：用于赛车和运动汽车进、排气阀。

化学工业：钛的耐腐蚀性能，更令它能在化工领域大显身手，可用于反应器、热交换器、吸收塔、冷却器等。现在，各种钛制设备已经广泛地应用到氯碱、纯碱、尿素、盐等各种制造行业，为这些行业带来了显著的经济效益。

　　医疗领域:骨骼整补等嵌入材料。钛具有无毒、无磁性的特性，钛合金的弹性模量和人体骨骼的弹性模量相近，与人体具有很好的相容性，因此又被称为"生物金属"。

　　形状记忆合金：钛还是记忆合金家族的重要组成成员，镍钛合金就是人们最早发现具有记忆效应的合金，这种合金能"记住"自己的形状，当它受到外力而变形后，只要给予相应温度，又能恢复原形。而且由于含有钛，它的强度也很高。因此，这种合金成为用途最广的形状记忆合金，直到今天，它仍是性能最好的形状记忆合金之一。

　　结构材料：作为结构材料，钛由于比强度（强度与密度之比）很高，在很多要求轻型、耐重荷的场合下，比钢铁这种传统的结构材料更有优势。比如，我国的国家大剧院（图2-38），其椭圆形的屋顶就采用了钛-不锈钢复合板。钛在美国、日本等国也早已应用于建筑行业，比如，1984年，日本东京电力博物馆就采用了钛板作为屋顶，面积达750m^2，共用钛材1t。

图2-38　中国国家大剧院

　　钛的出现，将金属材料的使用带入了一个崭新的时代。钛的优异性能使其成为"智慧金属"和"全能金属"，钛作为"第三金属"正在我们的生活和生产上扮演越来越重要的角色。

2.7　垃圾堆中发现的珍宝——不锈钢

不锈钢可以说是工程领域很特殊的一种材料。说它特殊，主要是不锈钢涉及的应用领域比较广，需求量也比较大，比如水工业、建筑业、环保工业、工业设施等。

不锈钢对我们来说是再熟悉不过的名字了，生活中到处可以看到它的影子，比如家庭厨房里的菜刀、炒锅、碗勺，还有携带方便的小剪刀（图2-39）。而工业生产中的应用，那就更是不胜枚举。

图2-39　日常生活中的不锈钢用具

不锈钢作为用途极为广泛的合金材料，曾被人们称为"20世纪的钢材"。它表面光亮夺目，引人喜爱，而且还具备很多优良的合金性能。

那么不锈钢是谁发明的？又是什么时候开始应用的呢？

第一次世界大战期间，英国科学家亨利·布雷尔利受英国政府委托，研究武器的改进工作。那时，士兵用的步枪枪膛极易磨损。布雷尔利想发明一种不易磨损的、适于制造枪管的合金钢。1913年，他在一次研究实验中，用铬金属加在钢中实验，但由于一些原因，实验没有成功，他只好失望地把它抛在废铁堆里。过了很久，废铁堆积太多，要拿去倒掉时，奇怪的现象发生了。原来所有废铁都锈蚀了，仅有那几块含铬的钢依旧是亮晶晶的。

布雷尔利很奇怪，就把它们拣出来并进行仔细研究。研究结果表明，含碳0.24%、铬12.8%的铬钢，即使在酸碱环境下也不会生锈。但由于它太贵、太软，没有引起军部的重视，布雷尔利只好与他人合办了一个餐刀厂，生产"不锈钢"餐刀。这种漂亮耐用的餐刀立刻轰动欧洲，而"不锈钢"一词也不胫而走。布雷尔利于1916年取得英国专利权，并开始大量生产。从此，从垃圾堆中偶然发现的不锈钢开始风靡全球，亨利·布雷尔利也被誉为"不锈钢之父"。

随后，不锈钢因为其良好的合金性能开始被用于工业生产，如各种机器零件的制造、桥梁和建筑物的建造、城市管道的铺建，等等。后来，更大量地应用于建筑物的装饰和室内装修、日常用品，如闪闪发光的栏杆扶手、各种精美的器皿及工艺品。现在，不锈钢已经深入我们日常生活的各个方面。

当然，不锈钢的"不锈"也只是相对的，在一定条件下也可能生锈：如某些不锈钢在高温时会有生锈的倾向，或者在受力和特定的腐蚀介质联合作用下易发生腐蚀，但这些腐蚀都可以采取措施避免。目前，不锈钢仍然不失为合金钢舞台上的华丽主角。随着科技的日新月异，科学家们在不锈钢中加入各种新元素，如镍、钼、钛、铌、硼、铜、钒及稀有元素等，使其产生了更好的性能，进一步开拓了不锈钢的应用领域。

近年来出现的抗菌不锈钢是不锈钢家族中的新宠儿，它是在不锈钢中添加一些抗菌的元素如铜、银等，经过特殊处理而成。这种优良的抗菌自洁性预示着它的应用前景非常广阔。可以预见，随着不锈钢越来越普遍地走进千家万户，这种品质优良的材料必将在更多领域发挥作用。

不锈钢的发明和人类历史上大多数发明一样，都是在不经意间被发明出来的，同样也随着时间的迁移，人类也在更好地去运用，促进了其发展。

2.8 意想不到的"钱过敏"

你听说过对钱币过敏的吗？有人只要一接触硬币就会就会出现红肿、瘙痒；一戴耳环就会出现耳垂红肿，甚至流脓；还有人戴手表后，在手腕处会出现发痒的红疹；也有人戴眼镜，眼镜架接触到的皮肤也会出现红疹、脱皮现象。这些都是典型的金属过敏的现象，那你知道这是什么金属引起的吗？

较为常见的导致过敏的金属有镍（Ni）或者是经过电镀处理的含镍镀液，而且到了夏天，汗水中的化学成分（也就是盐离子）会使这些金属元素更加活泼（也就是离子化），所以就更容易渗透到皮肤里面去，因此在夏天这种过敏的现象会更厉害。另外金属钴（Co）和铬（Cr）也会引起过敏，虽然也有记录，但是比较少见。纯金、纯钛等稳定性比较高的金属比较少引起过敏。纯银表面一般会被透明的氧化银覆盖，也比较稳定，所以也比较少引起过敏。所以引起过敏最多的就是镍。

1.　镍的基本情况

化学符号为 Ni，原子序数为 28，属过渡金属。银白色，密度 $8.9g/cm^3$，熔点 1455℃，沸点 2913℃。化合价为 +2 和 +3。质坚硬，具有磁性和良好的可塑性。有好的耐腐蚀性，在空气中不被氧化，又耐强碱。在稀酸中可缓慢溶解，释放出氢气而产生绿色的正二价镍离子；对氧化剂溶液包括硝酸在内，均不发生反应。主要用来制造不锈钢和其他抗腐蚀合金，如镍钢、镍铬钢及各种有色金属合金，含镍成分较高的铜镍合金，就不易腐蚀。全球约 66% 的精炼镍用于制造不锈钢。

2.　镍过敏的原因

世界上已经发现的金属元素有一百多种，为什么人偏偏容易对"镍"过敏呢？

2010 年，德国的一个科学家发现了这个秘密，并把这个研究成果发表在了 8 月份的《自然》杂志上。

原来镍有个"必杀技"，它会附着在一种特殊的叫作 TLR4 的免疫系统蛋白质上，这种蛋白质有资格参与识别有害物质入侵身体的过程。当它识别出感染源时，捆绑在它身上的镍就会同时诱发炎症反应，导致人体出现过敏反应。一旦发生过敏，即可引起接触周围的皮肤红肿、瘙痒等接触性皮炎的表现。日常生活的合金制品中很多都包含了镍，如发夹、耳环、金属拉链、项链，还有金属眼镜架，金属制的手表带、皮带扣、剪刀、硬币、金属假牙等，直接和皮肤接触都会让敏感的人出现过敏。

除此之外，有一些食物中也含有微量的镍，如果已经确定对镍过敏，也应该忌食。

3. 如何避免镍过敏

① 最好避免用镀镍的合金制品。

② 如果是过敏体质，不宜佩戴金属首饰。

③ 夏天容易出汗，应该少戴金属饰品。

④ 应该尽量避免长时间佩戴，养成晚上摘下首饰的习惯。

⑤ 一旦过敏，最好在医生指导下采取正确的、及时的药物治疗。

应该指出，尽管镍可能是某些相关性皮肤病的诱因，但如果病情是可以通过简单的外用药或者口服药能控制的，我们并非一定要忌食含镍丰富的食物，不必影响患者的生活质量。

4. 镍的其他危害

镍离子在高浓度时可诱发毒性效应，发生细胞破坏和发炎反应。

吸入金属镍的粉尘易导致呼吸器官障碍，肺泡肥大。镍盐的毒性强，特别是羰基镍（一氧化碳与镍粉在高温下可形成）有非常强的毒性，因为它容易挥发，又易溶于脂肪组织，很容易进入细胞膜内，而且与蛋白质及核酸的结合力很强。镍作业工人中，呼吸道癌发病率高于一般人群，据统计，肺癌发生率高出2.6 ～ 16倍，鼻腔癌竟高出37 ～ 196倍。

对于外科植入物材料来说，奥氏体不锈钢具有优良的综合性能，而且没有磁性。目前应用最为广泛的是316L及317L不锈钢，其中镍含量要求在10% ～ 14%。

2.9　你不知道的眼镜材料那些事

不同风格、颜色的眼镜架，因为材质不同，佩戴效果肯定也是不同的。小小眼镜架学问大，你又知道多少呢？

1.　眼镜的历史

最早出现的具有简单镜片功能的是最简单的透镜，在伊拉克的尼尼微古城遗址发现，用透明水晶琢磨而成。

13 世纪，马可·波罗就已经记载了中国老人看小字时戴着眼镜。中国古时的眼镜镜片很大，呈椭圆形，通常用水晶石、石英、黄玉或紫晶制成，镶在龟壳做的镜框里。

在欧洲，眼镜是 13 世纪末期时在意大利被发明的。据记载，佛罗伦萨斯皮纳的亚历山大第一个使用眼镜矫正视力，当时的眼镜只能说是放大镜，读书时才拿在手上。直到在 14 世纪中期活字印刷术在欧洲推广之后，为协助阅读书籍，眼镜才大大推广开来。当时的欧洲贵族总是喜欢配挂眼镜炫耀财富。

眼镜包括眼镜架和镜片等，其结构见图 2-40。

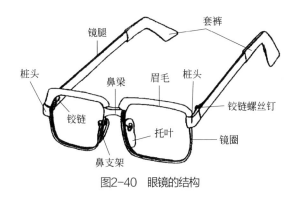

图2-40　眼镜的结构

镜架作为眼镜的一部分，不但要起到支撑镜片的作用，有时候也负责了一副眼镜的美观。选择一副贴合皮肤的舒适镜架，对于很多人来说甚至比选择镜片更加重要。目前，随着我国近视人群的不断增长，市场上相对应地出现了各式各样的眼镜架，且眼镜架的材质五花八门。那么对于需要佩戴眼镜的人群来说，到底该如何选择一副好材质的眼镜架呢？

2. 眼镜架的材料

目前出现最多的就是金属、非金属、塑料及合成材料的镜架。

（1）金属材质镜架

金属材料的包括铜合金、镍合金、贵金属等。要求具有一定的硬度、柔软性、弹性、耐磨性、耐腐蚀性、重量轻、有光泽和色泽好等等。因此，用来制作眼镜架的金属材料几乎都是合金或在金属表面加工处理后使用。

① 铜合金（图2-41）。一般铜及铜合金的耐腐蚀性较差，易生锈。但成本较低、易加工。经表面加工处理后，常用于低档镜架。

图2-41 铜合金眼镜架

② 镍合金（图2-42）。耐腐蚀性好，不易生锈，力学性能好于铜合金。其中听得最多的可能是蒙乃尔镜架，它是镍铜合金，镍含量达到63%，铜28%左右，另外还有铁、锰等其他少量金属，特点是：抗腐蚀、高强度、焊接牢固，为中档镜架采用最多的材料。

图2-42 镍合金眼镜架

③ 银。极老式的镜架，由银合金组成，现代只有国外的长柄眼镜及一些装饰夹式眼镜仍用它作原料。

④ 电化铝。由于其质轻，有一定的硬度，因此可作为镜架材料，主要用于制作镜圈和镜腿。且其抗腐蚀性好，易染色，还可制作塑胶镜架。

⑤ 钛。这是一种质轻、耐热、耐蚀性优良的金属。钛镜架的特点是：熔点高、材料轻、抗腐蚀能力强、电镀层牢固。采用纯钛制作的眼镜架轻便舒适，柔韧性好，长期使用不变形、不褪色、不引起皮肤过敏，较为耐用。缺点是影响加工不稳定的因素较多，价格高。

⑥ 金及其合金。纯金在大气中不会被腐蚀氧化。金比银柔软，有很好的延展

性，故一般不用纯金作为镜架材料，而采用金与银、铜等的合金。合金的含金量一般用"K"来表示。24K接近于纯金，镜架材料多采用18K、14K或12K金的合金。

（2）天然材质镜架

① 龟甲。图2-43是一种用叫作玳瑁的海龟科的甲制作的古代镜架，属高档品。玳瑁是国家一级保护动物，现已禁止其制品交易。

图2-43　龟甲眼镜架

② 天然角质材料（图2-44）。犀牛等动物的角，现已禁止其制品交易，现在所指的"角质眼镜"是用塑料制成的。

图2-44　天然角质材料眼镜架

（3）塑料及合成材料

① 赛璐珞。以硝酸纤维素作为主要材料，与樟脑和软化剂制成。是一种很早就用来做眼镜的材料，赛璐珞可塑性好，硬度大，可染成各种颜色。缺点是稳定性差，易腐蚀老化；摩擦时会发出樟脑气味。由于易老化和易燃烧，已很少采用。

② 醋酸纤维素树脂。系精制棉籽油或木浆料中的天然纤维素与醋酸进行化学反应后再添加可塑剂和稳定剂而成，它的主要原料为醋酸纤维素。和赛璐珞相比，醋酸纤维不易燃。一般化学镜架多为这种材料，按照加工方式，又可分为注塑架和板材架。

特性：透明性好、易着色、易抛光、手感良好、成型加工性良好、抗曝晒性良好，几乎不会老化，难燃烧；万一着火，速度也较慢，无有害气体产生。由于醋酸纤维素树脂的优良性能及特别美丽的外观，它已逐渐取代赛璐珞而成为镜架的主要原料，我国目前已经广泛应用。

③ 环氧树脂。环氧树脂有着重量轻、弹性好、记忆性好的特征，环氧树脂较普通树脂材料的耐磨度强50%以上，也就是说，环氧树脂材质的镜架在使用过程中不易被磨损，延长了它的使用寿命。而且环氧树脂的花色变化十分丰富，能够满足人们对时尚个性的需求，已经成为了市面上销售量最好的镜架材质之一。

3.　眼镜镜片材料

主要可以分为光学玻璃镜片、光学塑料镜片等。

（1）光学玻璃镜片

玻璃镜片的主要原料是光学玻璃。玻璃镜片的透光率和力学化学性能都比较好，有恒定的折射率、理化性能稳定。不容易划花，折射率高。折射率愈高，则镜片愈薄。但是玻璃片易碎，材质偏重。

① 光致变色玻璃镜片。在无色或有色光学玻璃基础成分中添加卤化银等化合物，使镜片受到紫外线照射后分解为银和卤素，镜片颜色由浅变深。反之，当光线变暗时，银和卤素相结合，使镜片的颜色又回到原来的无色或有基色的状态。

② 有色玻璃镜片。在无色光学玻璃中加入各种着色剂使玻璃呈现不同颜色并对不同的单色光有选择性地吸收和过滤。

③ 天然水晶。又称石英，化学成分为二氧化硅（SiO_2）。纯水晶中 SiO_2 的含量可达99.99%以上，水晶的最大优点是透光率高，硬度大，是光学透镜的优良材料。但由于水晶对各种光线的高透光率，包括紫外线和红外线的高透过率，所以不宜作室外用眼镜片，此外，水晶晶体有双折射现象，所以有复视现象。水晶晶体生长缓慢，价格昂贵，因此，水晶不是眼镜片的合适材料，目前已被光学玻璃镜片取代。

（2）光学塑料镜片

光学塑料是以人工合成树脂为主要成分，再加入各种添加剂而模塑成型的透明高分子有机化合物。

自从 1940 年塑料镜片问世以来，由于它具有重量轻、耐冲击、染色方便等优点，市场占有率迅速增长。随着科技的发展，光学塑料镜片的最大缺点——易磨损问题，也可通过表面加硬技术加以解决。

表 2-1 显示了两种材质镜片的对比。

表2-1　玻璃镜片和塑料镜片对比

性能	塑料镜片	玻璃镜片
重量	轻	重
表面耐磨性能	一般	很好
光学性能	较好	较好
吸收紫外线能力	强	弱（除非经过特殊加工）
安全性	不易碎	容易碎（除非经过强化处理）

光学塑料镜片的主要材料有：

① PMMA 塑料。化学名称为聚甲基丙烯酸甲酯，市场称有机玻璃，俗称亚克力。具有高透明度、容易进行模型和机械加工、价格便宜等优点。缺点则有吸湿性大、容易变形、表面硬度差，并能透过紫外线，染色后也不宜制作太阳镜，只能制作室内用镜。

② CR-39 塑料。俗称哥伦比亚树脂，市场称为树脂片，透光率约为 92%，能吸收 99% 以上的紫外线，耐温在 -40 ~ 150℃ 之间，可制作近视镜、远视镜、双光镜、渐变镜、散光镜等各类镜片，染色后可制作各种遮阳镜。

③ PC 塑料。化学名称为聚碳酸酯，市场称为太空片、宇宙片，最大特点是抗冲击性能好，质轻，能吸收全部紫外线。

CR-39 镜片和 PC 镜片的市场远景很好，是非常理想的光学玻璃的更新换代的新品种。许多国家都立法，青少年、老年人、司机等戴镜者都必须使用光学塑料镜片，不能采用光学玻璃镜片，以免镜片碎裂时，伤害眼睛。

4. 隐形眼镜

也叫角膜接触镜，是一种戴在眼球角膜上，用以矫正视力或保护眼睛的镜片。根据材料的软硬，它分为硬性、半硬性、软性三种。

（1）硬镜

1934年发明PMMA；1947年用PMMA制出第一副全塑料隐形眼镜。优点：矫正视力较好，镜片寿命较长。缺点：脆、透气性差、异物感强。

（2）软镜

1960年发现PHEMA（聚甲基丙烯酸羟乙酯），制出第一副软性隐形眼镜。优点：柔软、透氧、舒适、无异物感。缺点。易吸附沉淀、寿命短。

（3）透气性硬镜（RGP）

1970年诞生，材料主要由PMMA与硅酮聚合而成。优点：透氧性佳，比PMMA硬度低。缺点：缺乏舒适感。

第3章
古老又年轻的陶瓷材料

3.1　打火机的秘密——压电陶瓷

1.　初识压电陶瓷

什么是压电陶瓷呢？让我们从身边的一个例子讲起：我们只要按一下打火按钮，打火机就能点着。但你知道点火的原理吗？本节我们就来探个究竟。

打火机的点火装置实物图和结构示意图如图3-1所示，里面用到了两粒柱状压电陶瓷。当按压打火按钮时，弹簧会推动一个叩击机构打击压电陶瓷柱，弹簧力施到压电陶瓷上，就产生电荷，形成高电压。这种瞬间高压，通过电路中的间隙时，就会高压放电而发生电火花，从而点燃气瓶中的易燃气体（丁烷）。

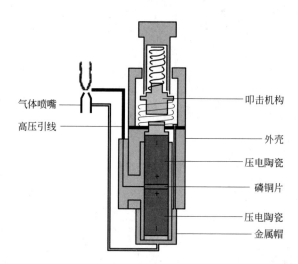

图3-1　打火机的点火装置结构示意图

压电陶瓷的外形除了打火机里面的小圆柱体形状以外，工程应用当中会根据需要，把压电陶瓷做成如片状、带状、环状、球状、长方体状等各种形状。

压电效应（图3-2）包括：

正压电效应：压力（或形变）──→ 电压。

逆压电效应：电压 ──→ 压力（或形变）。

而它们都有共同的特性，就是给这些材料施加压力或形变时，会在材料表面产生电荷电压，这种现象称为"正压电效应"。反过来在它们的某些方向施加电压，它们就会产生变形，这种现象称为"逆压电效应"。

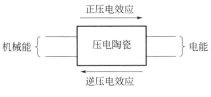

图3-2　压电效应示意图

压电陶瓷是指具有压电效应的陶瓷材料。

2. 压电的基本原理

为什么压电陶瓷在压力作用下能产生电荷？是不是每种材料都有压电效应呢？

先从单晶体来看，有些单晶体不具有对称中心，如图3-3中的六边形结构，在正常状态下，三个阳离子的电荷中心应该在它们组成的三角形的形心上，也即在六边形的中心；三个阴离子的电荷中心也在六边形的中心，正负电荷中心重合，这样晶体呈电中性。

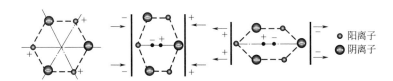

图3-3　压电晶体产生压电效应的机理示意图

当晶体受到压缩形变时，阳离子三角形和阴离子三角形的形心变化，使阳离子的电荷中心向右偏移，而阴离子的电荷中心向左偏移，这样晶体右边带正电，左边带负电。反过来也类似，当晶体受到拉伸形变时，正负电荷中心也会偏移，使晶体两侧带电。压电陶瓷内部包含许多单晶晶粒，按理它的压电效应更强，但由于各晶粒和电畴方向随机分布，在内部"打架"呢，因而对外不显示压电效应。怎么才能让它的压电效应表现出来？工程师们要做的是给它梳理一下，也就是通过外加强直流电场，使电畴转向成定向排列，这个过程叫预极化，只有经过预极化处理的压电陶瓷才会呈现出压电效应。

3. 压电效应应用举例

压电陶瓷可以让机械能和电能相互转换，可以用它来做点什么呢？让我们先来看看运用正压电效应的例子，也就是机械能转换成电能。

（1）压电发电

除了压电打火以外，我们可以把压电材料放在地板里面，做成压电地板。比如在英国的一家商场里面就曾经有一棵圣诞树，上面的彩灯靠的是几块压电地板供电，只要有人在压电地板上跳跃或者走过，产生的电力就可以点亮圣诞树。

这样的压电地板也可应用于商业区、地铁站等人流密集的地区，让更多的人在它上面走过，并把产生的电力收集起来就可以为照明发电了。如果说人走路的能量不够的话，我们还可以把压电材料铺在公路上面，收集汽车的振动能，以色列就建成了一条压电公路。虽然压电材料的发电效率相对于传统化石燃料还有一段很远的距离，但它不会产生任何的化学污染，是一种干净的可持续的回收能源。

如今智能手机功能越来越丰富，我们使用时间也越来越多，但遗憾的是，手机动不动就没有电了。为了解决这个问题，美国工程师开发了一款利用压电材料的正压电效应制成的压电背包，它可通过背带的压力产生能量，为智能手机或电子设备充电。

重度手机用户，无论工作、出行还是聚餐，常常会带上移动电源装置，随时为自己的手机补充电量。现在出现了一种新发明，如果你每天坚持步行，就再也不用担心手机电量，因为这个装置可以让你走路也能充电。

2014年，一位年仅15岁的菲律宾小小发明家Angelo Casimiro研发了一款创意鞋类装置（图3-4），主打为智能手机或USB设备供电，电力由人体步行的脚步驱动。用户依次移动、抬高脚步等动作将激发压电陶瓷膜，实现电力转换等任务。

图3-4 压电陶瓷运动鞋

据 Angelo Casimiro 介绍，目前他的个人装置在 8 小时步行路程内能够充满一块 400mAh 容量的锂离子电池，这也意味着对于智能手机用户来说，能充满 20% 的电量（相对于 2000mAh 容量的手机电池）。因此，对于外出旅行、出差的智能手机用户来说，该装置能够一定程度缓解手机电量不足的困境。

电力是由一个由两对压电圆片组成的鞋垫发电机生成的，当晶体向内弯曲时，产生能量。发电机与储存动力的电池相焊接，然后，就可以通过 USB 连接到任何设备。

这项充电装置也一反传统充电方法，非常适合长时间在外工作、旅行的手机用户，无需携带移动电源或备用电池等装备。除了支持为智能手机充电外，Angelo Casimiro 发明的这个装置还能为手电筒、收音机或其他 USB 设备供电，也可以装备导航跟踪技术，例如 GPS 追踪。

虽然目前这项技术还处于初级阶段，穿着这双鞋打 2 小时的篮球只能转换大约 10 分钟的电能，但至少一切都已经开始了，不是吗？

（2）压电点火

压力产生的电荷，除了像压电发电一样被收集储存起来以外，我们也可以像压电打火机一样，直接利用，比如制成压电点火装置。运用压电陶瓷产生的瞬间高压放电而形成电火花，达到点火目的。广泛运用于燃气灶、热水器等许多需要点火的地方。

这样，打火时也不用装电池了，而且到燃气灶、热水器旧了报废时，它还仍然可用。

（3）压电引信

在军事上，有反坦克火箭，我们希望弹头一碰到坦克钢板就立刻爆炸，而不应该落地后等一段时间再爆炸。那么压电引信在这里起作用了。把压电元件放置在弹头前端，只要一碰到坦克，压电元件产生高压，高压连接到弹头后端的起爆装置，引爆整个弹头，从而瞬间爆炸。

在第二次世界大战中，反坦克火箭曾发挥过重要作用。在现代战争中，反坦克火箭仍发挥着不可忽视的重要作用。

在珍宝岛事件中，40 火箭筒中就应用了压电激发装置及压电引信（图 3-5），

40火箭筒曾大批生产，为保卫边疆立下了汗马功劳。

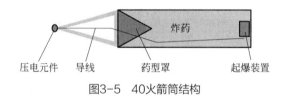

压电元件　导线　　　药型罩　　　　起爆装置

图3-5　40火箭筒结构

（4）交通应用

在交通方面，压电陶瓷可以用于轮胎的压力监测和车速的测量。

把压电材料装在轮毂上，把胎压信号转变成电压信号传递到驾驶室内，司机就不用下来用脚踢轮胎也可知道胎压了。不同的胎压通过压电陶瓷将产生不一样的电压，从而起到监测胎压的作用。

把两段压电材料埋在公路下，汽车通过时，产生电信号，分析两个电信号之间的时间差就可以算出汽车的行驶速度。

（5）压电马达

以上都是运用正压电效应的例子，运用逆压电效应又能做什么呢？逆压电效应是通过电的作用让元件产生机械运动。首先想到的是压电马达（也叫压电电动机），它是直接把电能转换成机械能输出，而无需电磁线圈的新型马达，与普通电磁马达相比，结构简单、启动快、体积小、功耗低。

压电马达可以做得比我们的手指或眼睛都要小许多（图3-6）。

弹簧
转子　　　　　　　　　压电电阻
摩擦材料　　　　定子

图3-6　压电马达

另外，由于它是从电能直接转换为机械能而不通过磁电转换，因此，不产生磁干扰，也不怕磁干扰。它还可以低速运行而不用减速机构。这种微型电动机可用于航空、航天、精密机械、仪器仪表、自动控制等领域，例如机器人、扫描电镜微动台、照相机自动聚焦、磁头移动、机动车辆刮水器和电动开关车窗等。

工作原理是利用压电体在电压作用下发生振动，驱动运动件旋转或做直线运动。由于一般压电体的能量转换效率较低，且振动或伸缩的幅值很小，因而只能制成特殊要求的专用电动机，获得微小变位的蠕动。超声波压电电动机（简称超声波电动机）可以克服传统压电电动机转换效率低和变位微小的缺陷。超声波电动机既可用作精密驱动机构的驱动元件，也可在速度和位置伺服系统中作执行元件。

（6）压电打印

微压电打印技术相比于传统加热式打印，墨滴圆、小，没有卫星墨滴，打印头寿命长，喷射频率快，能耗低，等等，有许多的优势。

运用压电陶瓷的逆压电效应，还可做成压电打印喷头。只需把电压加到压电陶瓷上，就可产生机械运动，从而喷射出墨滴，而不像传统打印要经过加热。

（7）声电转换

压电陶瓷还可以制成声电转换器：一方面它可以运用正压电效应做成话筒，在人讲话的声压作用下，陶瓷产生与人声音相对应的电信号而传输出去；反过来，它也可以运用逆压电效应制成听筒（耳机），在音频电压的作用下，让压电陶瓷产生振动，从而推动空气发声。

压电陶瓷如果配上控制电路，可成为蜂鸣器或电子乐器，产生优美动听的声音。蜂鸣器应用面非常广，产量巨大（以数十亿件计），如电子门铃、新年音乐贺卡等。

（8）压电超声

与耳机类似，压电陶瓷也可用于产生频率比声波更高的超声波，超声波是一种高于人的可听声波频率范围的声波（频率高于20000Hz）。人类听不出超声波，但不少动物却有此本领（如蝙蝠）。

超声波可以成像。在医学上，医生利用B型超声波诊断仪做胃部、腹部检查，还可以观察胎儿的发育情况。

在工程上，工程师利用它制成超声波探伤仪，检测构件内部缺陷。因为超声波能透入构件的深处，并在缺陷处产生反射波。超声探伤已成为目前应用十分广泛的无损探伤手段。它既可检测材料表面的缺陷，又可检测内部几米深的缺陷，这是X射线探伤所达不到的深度。

在大气中，人们依靠无线电波（雷达）进行通信，然而在水下或地底下，无线电波易被吸收而衰减，故无法使用。人们利用超声波定向性好，在水中传播距离远的特点制成声呐，可以做成探鱼器和军舰上的声呐系统，以发现鱼群和潜艇，还可以测绘海底形状。

（9）其他应用

利用压电陶瓷的谐振效应可以制成压电滤波器，它只允许一定频段的电波通过，而其余频段的电波则不能通过，或完全被吸收。现代调频及调幅收音机、电视机中均离不开它。

压电陶瓷制成变压器，体积小、重量轻，可运用于平板电脑、笔记本电脑、数字摄像机等设备中。

压电地震仪非常灵敏，能精确测出地壳内细微的变化，能精确测定地震强度，甚至可以检测到十多米外昆虫拍打翅膀引起的空气振动。

压电陶瓷还可以做成自动控制系统中的压电陀螺仪（图3-7），能抑制飞行器的横滚振动，保持飞行平稳，波音747等飞机均使用过。

图3-7　压电陀螺仪

3.2　"疯狂"的石头

有一部电影叫《疯狂的石头》，而现实中也有一种"疯狂"的石头，那就是宝石。

宝石的概念有广义和狭义之分。

广义的概念，宝石和玉石不分，泛指珠宝玉石，凡是由自然界产出，美观、耐久、稀少，具有工艺价值，可加工成装饰品的物质统称为天然珠宝玉石。包括天然宝石、天然玉石，也包括部分天然有机材料。具体的宝石分类见表3-1。

表3-1　一般推荐的宝石分类表

天然宝石		优化处理宝石	人工宝石				
			合成宝石	人造宝石	拼合宝石	再造宝石	仿宝石
宝石（广义）	无机宝石	宝石（狭义），单晶体。如钻石、红蓝宝石、祖母绿等	如充填钻石、染色红宝石、扩散蓝宝石、改色黄玉	如合成红宝石、合成蓝宝石、合成水晶、合成祖母绿	人工合成的自然界无对应物者，如钇铝石榴石（YAG）、钇镓石榴石（GGG）、铌酸锂、钛酸锶	由两块或两块以上材料经人工拼贴且给人以一个整体印象的珠宝玉石。如欧泊拼合石	通过人工手段将天然珠宝玉石的碎块或碎屑熔接或压结成具整体外观的珠宝玉石。如再造绿松石	以玻璃、塑料、陶瓷等仿造其他宝石，以假乱真
		玉石（矿物集合体），如翡翠、软玉、蛇纹石玉、孔雀石	如翡翠B货、C货，染色石英岩	如合成欧泊、合成孔雀石、合成绿松石、合成立方氧化锆				
	有机宝石	如珍珠、琥珀	如漂白珍珠	如合成琥珀				

狭义的概念有宝石和玉石之分：宝石指的是色彩瑰丽、晶莹剔透、坚硬耐久、稀少，并可琢磨成宝石首饰的单矿物晶体，包括天然的和人工合成的，如钻石、蓝宝石等；而玉石是指由自然界产出的，具有美观、耐久、稀少性和工艺价值的矿物集合体，少数为非晶质体，如翡翠、软玉、独山玉、岫岩玉等。

玉石也有狭义和广义之分，狭义仅指硬玉（以缅甸翡翠为代表）和软玉（以和田玉为代表）。而广义的玉，不仅包含软玉和硬玉，还包括独山玉、岫岩玉以及水晶、玛瑙、绿松石、青金石，等等。用一句话概括：可以为我们的经济、生活等方面的使用所服务的温润有光泽的美石，均可以统称为玉。

平常说的玉多指软玉，硬玉另有一个流行的名字——翡翠。

软玉（图3-8），是含水的钙镁硅酸盐，莫氏硬度一般在6.5以下，韧性极佳，半透明到不透明，纤维状晶体集合体。

硬玉（图3-9），为钠铝硅酸盐，莫氏硬度6.5～7，半透明到不透明，粒状到纤维状集合体，致密块状。

图3-8　软玉　　　　　　　　　　图3-9　硬玉

两种玉外形很相似，硬玉的相对密度（3.25～3.4）大于软玉（2.9～3.1）。

中国最著名的玉石是新疆和田玉，河南独山玉、辽宁的岫岩玉和湖北的绿松石也是中国的著名玉石（图3-10）。

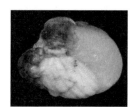

和田玉　金蟾献宝　　　　　独山玉　苏武牧羊

岫岩玉　摆件双喜临门　　　绿松石　仕女摆件

图3-10　中国著名玉石

中国是世界上开采和使用玉最早、最广泛的国家。古书上记载很多，名称也很杂，如水玉、遗玉、佩玉、香玉、软玉等。辽宁阜新市查海遗址出土的透闪石软玉玉玦，距今约8000年（新石器时代早期），是全世界到目前为止所知道的最早的真玉器。

玉与玉石

玉与玉石两词在使用上有些混淆，早期和当前一些人们多把玉和玉石混为一谈，等同使用。至今在普通群众和工艺界和奇石界仍不予区分。但学术界多倾向于把玉和玉石分开，玉专指硬玉和软玉；而玉石则用作统称，包括玉和那些外观似玉的由矿物集合体组成的贵美石。

事实上，祖母绿和翡翠属于两个完全不同的范畴：祖母绿属于宝石，而翡翠属于玉石。那么，宝石和玉石的区别是什么呢？通常来说，宝石取材于天然单晶体矿物，也就是说一粒宝石通常是取自一个单独晶体，晶体用我们的肉眼就可以看见（所以又叫显晶质）。宝石通常是透明的，光线进入切割后的宝石内部，经过一系列的反射折射，我们就可以看到宝石的闪光，如红宝石、蓝宝石、祖母绿等。宝石也有少数是天然单矿物集合体，如欧泊、青金石；还有一些有机质，如琥珀、珍珠等，也包括在广义的宝石之内，它们又被称作生物宝石。

而玉石则是另一个概念，它是由无数我们肉眼无法看到的细小的晶体组成，只有在高倍电子显微镜下才能看清它的结构，所以人们把玉石称作隐晶质矿物。广义来说，这些微小晶体的集合体都可以称作玉石。

在中国人眼里，美玉是道德的象征，玉在古时成为君子的化身，君子随身佩玉，玉无故不离身，古人常以玉为楷模，随身相伴，当作敦促自己修身养性的诤友。君子与玉即所谓的"谦谦君子，温润如玉"。

软玉的识别特征

软玉最大特点是质地细腻，光泽滋润，柔软，颜色均一，光洁如脂，略具透明感，坚韧不易碎裂。在抛光面上可见明显的花斑样的结构（纤维交织结构）。

3.3　你选对餐具了吗

我们每天的生活都离不开吃，都离不开餐具，可是，你对餐具真的了解吗？

随着社会的进步，人们对吃东西所用的餐具也越来越讲究了，市面上买的餐具更是五花八门，有各种各样的材质，还有各种造型，精致漂亮，受到很多人喜爱。可是我们在选择餐具的时候不仅仅要看它好不好看，还要看看所选择的餐是不是适合我们使用。面对市场上五花八门、用途各异的餐具，我们该如何选择？什么样的餐具最安全、最实用呢？

1. 陶瓷餐具

陶瓷餐具不仅造型各异，美观大方，且有细腻光滑、不生锈、不腐朽、不吸水、易洗涤等优点。

陶瓷餐具分为釉上彩、釉下彩、釉中彩三种，其中的有害金属铅、镉等主要来源于釉上颜料。长期使用釉上彩餐具，餐具中的有害金属元素就会析出，并随食品进入人体，引起慢性中毒。因此尽量不要选内壁带有彩饰的餐具。在使用新购买的陶瓷餐具前，可先用食醋浸泡 2～3 小时，以溶出餐具中所含的有毒物质。使用时要避免用彩色陶瓷餐具盛放酸性食品。

那么怎样判断是釉上彩呢？

首先可以用手摸一摸餐具的表面有没有凹凸感。如果感觉到凹凸感，并且用肉眼都可以看出花色的表面高低不平，那么它就是釉上彩了。

釉上彩陶瓷（图3-11）是用颜料制成花纸贴在釉面上或者是直接以颜料绘制于产品表面，再经过高温烤烧而成，由于烤烧的温度达不到釉层熔融的程度，所以花面不能够沉入釉中。所以有铅超标的可能，最好不要使用。

图3-11　釉上彩陶瓷

釉中彩陶瓷（图3-12）的烤烧温度可令釉料熔融，颜料也可以沉入釉中，冷却后还可以被釉层覆盖，制品表面光滑，手触没有明显的凹凸感，长时间使用可能会发乌变黑。

釉下彩陶瓷（图3-13）全部彩饰在瓷坯上面进行，施釉后再经过高温一次烧成，花面被釉层覆盖，看上去光亮、平整，手感光滑，具有永不变色、永不掉色、安全卫生的优点。青花瓷就是采取这种方法制作的。

图3-12　釉中彩陶瓷　　　　　　图3-13　釉下彩陶瓷

我们所强调的重金属毒素主要来源于釉上彩的颜料。釉上彩陶瓷中的铅化合物会被酸析出，当食物与花面接触的时候，铅就可能被食物中的有机酸析出。当然，釉上彩如果设计合理，烧烤工艺得当，是可以避免超铅的。

陶瓷制品中若含有害成分，在600～800℃高温下可能析出，因此人们在使用微波炉时，最好是放入白胎碗或者釉下彩碗。相比之下，目前市场上销售的釉下彩和白瓷是不含铅的，相对来说比较安全。

2. 玻璃餐具："水晶玻璃"隐患多

普通玻璃餐具有硬度高、化学性能稳定、表面光滑易清洁等特点，不含有毒物质。但是，水晶玻璃餐具是一种颇具威胁的铅污染源。由于水晶制品中的氧化铅含量高达20%～30%，用它来盛水，一般不至于引起铅中毒，但若用来盛酒，酒会将其中的铅溶解出来，时间越长溶解量越多。同样，当使用水晶玻璃容器盛放食品，特别是酸性食品时，铅离子也易形成可溶性的铅盐随饮料或食品被人体摄入，严重危害健康。因此，水晶玻璃制品被科学家称为"美丽的杀手"。

3.　塑料餐具："彩色"好看不健康

餐具市场上，塑料制品以重量轻、不易碎等优势，和玻璃、陶瓷制品分庭抗礼。但塑料餐具的健康隐患、安全性问题，一直是人们关注的焦点。

许多塑料餐具的表层都有漂亮的彩色图案，如果图案中的铅、镉等金属元素含量超标，就会对人体造成伤害。一般的塑料制品表面有一层保护膜，这层膜一旦被硬器划破，有害物质就会释放出来。劣质的塑料餐具表层往往不光滑，有害物质很容易漏出。因此应尽量选择没有装饰图案、无色无味、表面光洁、手感结实的塑料餐具。

4.　不锈钢餐具：注意合理使用

不锈钢是由铁铬合金掺入一些微量金属元素制成的，这些微量元素可能对人体有害，因此使用时应注意，不宜长时间盛放盐、酱油、醋等，也不宜用不锈钢餐具熬煮中药，药物易失效，有些甚至会产生有毒化合物。

5.　铁制餐具：易生锈

一般说来，铁制餐具无毒性。但铁器易生锈，而铁锈可能引起恶心、呕吐、腹泻、心烦、食欲不佳等症状。铁制容器也不宜盛油类物质，因为油类在铁器中存放时间太久易氧化变质。

6.　铝制餐具：不宜接触酸、碱物质

铝制餐具无毒，轻巧耐用，但如果铝在人体内积累过多，会产生衰老加快，对人的记忆力有不良影响。因此世界卫生组织规定人体每天的摄铝量应控制在0.004g以下，一般情况下，一个人每天摄取的铝量绝不会超过这个量，如果经常食用铝制炊具炒出的饭菜，就会使人的摄铝量增加。使用铝制餐具要注意三点：使用铝制餐具不宜接触酸性和碱性物质；铝盆不宜用来久存饭菜和长期盛放含盐食物；不宜用铲刮铝锅壁。

7.　油漆筷子：美观但不可用

油漆筷子也是我国的传统食具，尊贵典雅，极具装饰性，但从卫生观点来看，对身体健康是不利的。这是因为油漆大多含有毒化学成分，如黄色油漆铅含量占颜料总量的64%，铬含量也达16.1%。当长期使用油漆筷子进餐，特别是油漆脱落随食物一起进入胃内，铅和铬等有毒物质进入人体被蓄积，就有发生慢性中毒的危险。因此，日常进餐时最好不用油漆筷子。

8.　竹木餐具：易污染、发霉

竹木材质保温好，更天然，质地细腻柔和。

缺点：不易清洗，容易滋生细菌。

建议：对于木质或竹质的餐具，不宜用表面比较光亮或者有油漆的，宜用天然制造的。

9.　搪瓷餐具：破损不能用

搪瓷是将无机玻璃质材料通过熔融凝于基体金属上并与金属牢固结合在一起的一种复合材料。搪瓷器皿如图3-14所示。它保温好，有害物质含量少。

图3-14　搪瓷器皿

缺点：制作成本高，工艺烦琐，多次摔打后容易变形，瓷容易脱落而被吃进肚子里。

建议：不能用得太久，一段时间宜更换，以防止掉瓷误食，也要注意不宜买内壁有花纹的。

10. 仿瓷餐具

仿瓷餐具（图3-15）也叫密胺餐具，是目前一种在餐馆、家庭、食堂广泛使用的新型餐具。通常这种仿瓷碗的外观类似瓷器，它不怕摔坏，端起来不会烫手，而且有些外表有卡通图案，孩子们非常喜欢。

一些企业用有毒的脲醛类模塑粉代替正常的树脂原料，因为模塑粉要廉价得多。假冒仿瓷碗遇热可能释放致癌物。

提示：正规仿瓷餐具的底部都有企业详细信息、企业生产许可（QS）标志和编号。

注意：仿瓷餐具不适合放入微波炉中加热。原因是微波炉加热温度难控制，以脲醛树脂为原料的不合格仿瓷产品耐温80℃，以纯密胺树脂为原料的合格仿瓷产品耐温150℃。

图3-15　仿瓷餐具

仿瓷碗买回后，在沸水里加醋煮2～3分钟，或常温下用醋浸泡两小时。不宜长时间盛放酸性、油性或碱性食物。清洗密胺餐具时，要用柔软的布，最好不要使用百洁布、钢丝球、去污粉等，以免擦划餐具表面，造成有毒物质的污染。此外，需要引起警惕的是，即便是合格的密胺餐具，一旦出现掉色、发白、开裂现象，也不宜再使用。另外要注意的是，真假仿瓷餐具肉眼难辨。在外用餐的时候，若使用这种餐具，切记不要装油多、温度高的食物。

虽然各种材质的餐具都存在不同类型的隐患，但这些危险并非不可避免，不贪图小便宜，在超市购买有质量保证的产品就能把风险降到最低。同时，简单的才是最好的，这句颇有哲理的话放在食品安全领域一样适用。各种制品，每多一道加工手续就多一道风险，在选购餐具时，一定要根据自己需要的功能来选择，不必过于追求全面，也不要过于注重外观，餐具是每天都要打交道的物品，安全永远都是第一位！

3.4　玻璃的前世今生

玻璃是人类材料领域最伟大的发明之一，科技进步、工业发展、经济建设、人类安居，无不闪耀着玻璃的智慧之光。

1.　玻璃是什么？

玻璃是一种非晶无机非金属材料，是熔体迅速冷却时，各分子因为没有足够时间形成晶体而形成的非晶体。

中国古代称玻璃为琉璃，是一种透明的、强度及硬度颇高的、易碎的、不透气的材料，常温下是固体。

玻璃一般不溶于酸（但是对氢氟酸是例外的，因为玻璃与氢氟酸会生成氟化硅，从而导致玻璃的腐蚀），但溶于强碱，例如氢氧化铯。

2.　玻璃是怎样发现的？

玻璃最初由火山喷出的酸性岩浆凝固而得，称黑曜石。但人类所认识的第一块玻璃却是人们在做饭时偶然合成和发现的！

3000 多年前，一艘欧洲腓尼基人的商船，满载着晶体矿物天然苏打，航行在地中海沿岸的贝鲁斯河上，由于海水落潮，商船搁浅了。

于是船员们纷纷登上沙滩。有的船员还抬来大锅，搬来木柴，并用几块天然苏打作为大锅的支架，在沙滩上做起饭来。船员们吃完饭，潮水开始上涨了。他们正准备收拾一下登船继续航行时，突然有人高喊："大家快来看啊，锅下面的沙地上有一些晶莹明亮、闪闪发光的东西！"船员们把这些闪烁光芒的东西，带到船上仔细研究起来。他们发现，这些亮晶晶的东西上粘有一些石英砂和熔化的天然苏打。原来，这些闪光的东西，是他们做饭时用来做锅的支架的天然苏打，在火焰的作用下，与沙滩上的石英砂发生化学反应而产生的非晶体，这就是最早的玻璃。

后来腓尼基人把石英砂和天然苏打和在一起，然后用一种特制的炉子熔化，制成玻璃球，使腓尼基人发了一笔大财。

3. 普通玻璃

生活中常见的是普通平板玻璃，主要用于画框表面、外墙窗户、门扇、室内屏风等处，起着透光、挡风和保温作用。要求无色，并具有较好的透明度，表面光滑平整，无缺陷。

4. 有色玻璃

有色玻璃是在普通玻璃制造过程中加入一些金属或金属氧化物制成的具有特定颜色的玻璃，如图3-16所示。

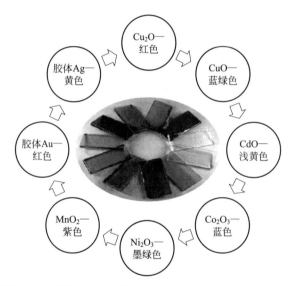

图3-16　不同金属或金属氧化物的加入产生不同颜色的玻璃

5. 压花玻璃

压花玻璃又称花纹玻璃和滚花玻璃，是采用压延方法制造的一种平板玻璃。

其最大的特点是透光但不透明，多使用于门窗、室内间隔、洗手间等装修区域。压花玻璃表面有花纹图案，具有优良的装饰效果，有时甚至可以作为艺术玻璃而身价倍增。

6. 中空玻璃

中空玻璃是由两层或两层以上普通平板玻璃所构成（图3-17）。四周用高强度高气密性复合黏结剂，将两片或多片玻璃与密封条、玻璃条黏接密封，中间充入干燥气体，框内充以干燥剂，以保证玻璃片间空气的干燥度。

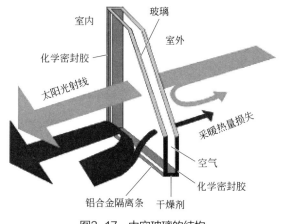

图3-17　中空玻璃的结构

因留有一定的空腔，中空玻璃具有良好的保温、隔热、隔音等性能。主要用于采暖、空调、消声设施的外层玻璃装饰。

7. 银镜玻璃

银镜玻璃是采用现代先进制镜技术，选择特级浮法玻璃为原片，经敏化、镀银、镀铜、涂保护漆等一系列工序制成的。其特点是成像纯正、反射率高、色泽还原度好、影像亮丽自然，即使在潮湿环境中也经久耐用，是铝镜的换代产品，广泛应用于家具、工艺品、装饰装修、浴室镜子、化妆镜子、光学镜子以及汽车后视镜等。

8. 防护玻璃

防护玻璃是指在普通玻璃制造过程中加入适当辅助料，具有防止强光、强热或辐射线透过而保护人身安全功能的玻璃。主要应用于医院CT（计算机断层扫描）室和航天器上。

例如，重铬酸盐、氧化铁——吸收紫外线、红外线和部分可见光；氧化镍、氧化亚铁——吸收红外线和部分可见光；氧化铅——吸收X射线和γ射线；氧化镉和氧化硼——吸收中子流。

9. 防弹玻璃

防弹玻璃实际上是夹层玻璃的一种，只是构成的玻璃多采用强度较高的钢化玻璃，而且夹层的数量也相对较多。多用于银行等对安全要求非常高的装修工程之中。

10. 夹层玻璃

夹层玻璃是安全玻璃的一种。它是在两片或多片平板玻璃（也可以是钢化玻璃或其他特殊玻璃）之间，嵌夹透明塑料薄片，再经热压黏合而成的平面或弯曲的复合玻璃制品（图3-18）。

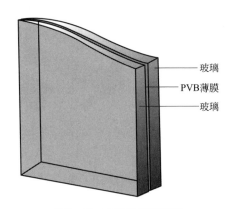

玻璃
PVB薄膜
玻璃

主要特性是安全性好，破碎时，玻璃碎片仍黏附在胶层上不零落飞散，只能产生辐射状裂纹，避免了碎片飞溅对人体的伤害。抗冲击强度优于普通平板玻璃，防

图3-18　夹层玻璃的结构
PVB-聚乙烯醇缩丁醛

范性好，并有耐光、耐热、耐湿、耐寒、隔音等特殊功能。多用于与室外接壤的门窗和有安全要求的装修项目。

"天空步道"（空中玻璃走廊，Skywalk，图3-19）坐落于美国科罗拉多大峡谷西侧的一个印第安部落居留地内，悬空于科罗拉多河之上。由金鹫先生耗资超过四千万美元，经过8年的构思和3年的艰苦施工建成，堪称现代工程与大自然奇景的完美结合。桥体距离地面1200m，钢结构的马蹄形桥体延伸出崖壁21m，桥面为10cm厚的透明玻璃，可同时容纳120名游客。

图3-19　天空步道

11. 夹丝玻璃

夹丝玻璃（图3-20）又称防碎玻璃，它是将普通平板玻璃加热到红热软化状态时，再将预热处理过的铁丝或铁丝网压入玻璃中间而制成的一种具有抗冲击性能的平板玻璃。

图3-20 夹丝玻璃

特性是防火性优越，可遮挡火焰，高温燃烧时不炸裂，破碎时不会造成碎片伤人。受撞击时也只会形成辐射状裂纹而不至于坠下伤人。另外还有防盗性能，玻璃割破还有铁丝网阻挡。主要用于屋顶天窗、阳台窗、高层楼宇和震荡性强的厂房。

12. 单向玻璃

光具有可逆性。也就是说：光线可从A点照射到B点，也能从B点射到A点。那又为什么有单向玻璃呢？

这个秘密就在于玻璃面上涂有很薄的银膜或铝膜。而这样的玻璃并非反射所有的入射光，而是能让部分的入射光通过。而单向玻璃之所以会单边看得见，全依光的强度而定。

一人从不可以看见另一面的这一面看，他所处的位置是亮的，反之则暗。因为强光照在镜子的银膜上大部分都反射了，而从另一面过来的暗光太弱，被反射的强光所"遮挡"，以至于人们看不见另一面。因而，从亮的这边看的话，好像普通的镜子一样。

相反地，暗的那边，由于强光从亮的一边透过薄薄的银膜射进来，而自身所发出的微弱的反射光，就看不见了。

结果，单向玻璃仍具光的可逆性，只是单向看得见而已（图3-21）。

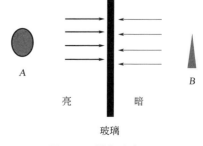

图3-21 单向玻璃原理

13. 艺术玻璃

艺术玻璃（图3-22）是指艺术家和设计师运用烧熔、雕刻、压花、镶嵌和喷雕等方法在玻璃上进行艺术创作而形成的艺术品。

图3-22　艺术玻璃

根据艺术品的维度可将其分为平面艺术玻璃和立体艺术玻璃。

近半个世纪以来，玻璃艺术设计以前所未有的深度和广度渗透到人们的生活中，在造型上同时运用不同种类的玻璃及制作工艺的手法大大超过玻璃发展史上的任何时候，在艺术设计领域大放异彩。

一块普通玻璃经高科技加工制作成为艺术玻璃后，身价倍增，玻璃艺术品画面绚丽不失清雅，生动不失精致！

3.5　钢化玻璃爆裂——谁之责

钢化玻璃又称强化玻璃，它是普通平板玻璃经过加热到一定温度后迅速冷却或进行特殊化学处理而加工成的一种预应力玻璃。钢化玻璃深受大家喜爱，除了建筑商用于窗户和外墙外，还多用于厨房灶台处、室内推拉门以及钢化玻璃浴室等。但是，钢化玻璃发生爆裂的现象也屡见不鲜，尤其夏天更为多发。

那么钢化玻璃真的是被高温烧烤才爆裂的吗？

1.　钢化玻璃的发展历史

钢化玻璃的发展最初可以追溯到 17 世纪中期，有一位叫罗伯特的王子，曾经做过一个有趣的实验，他把一滴熔融的玻璃液放在冰冷的水里，结果制成了一种极坚硬的玻璃。这种高强度的颗粒状玻璃就像水滴，拖有长而弯曲的尾巴，称为"罗伯特王子小粒"（图 3-23）。可是当小粒的尾巴受到弯曲而折断时，令人奇怪的是整个小粒因此突然剧烈崩溃，甚至成为细粉。上述做法，很像金属的淬火，而这是玻璃的淬火。这种淬火并没有使玻璃的成分发生任何变化，所以又叫它物理淬火，因此钢化玻璃称为淬火玻璃。

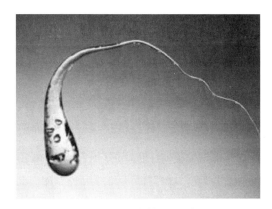

图 3-23　罗伯特王子小粒

20 世纪 70 年代开始，钢化玻璃技术在世界范围内得到了全面的推广和普及，钢化玻璃在汽车、建筑、航空、电子等领域开始使用，尤其在汽车和建筑方面发展最快。

智能手机和平板电脑都采用触摸屏面板，这就需要使用一种坚硬的防护材料来保护设备表面。实践证明，玻璃经过特殊的表面处理后，硬度可以较大幅度提高，在不影响触摸屏手感的同时，提高玻璃的防划伤、抗冲击等能力，从而提高智能手机或平板电脑屏幕的使用寿命，因此进一步刺激了对化学强化玻璃的需求。

化学钢化玻璃主要以 3mm 厚度以下的玻璃为主，采用高纯度的硝酸钾溶液及搭配的催化剂混合加热至 420℃左右，玻璃结构表面的钾离子和钠离子进行离子交换而形成强化层。

钢化玻璃相对于普通平板玻璃来说，具有两大特征：

① 前者强度是后者的数倍，抗拉强度和抗弯曲强度是后者的3倍以上，抗冲击强度是后者5倍以上。

② 前者安全性能好，钢化玻璃不容易破碎，即使破碎也会在均匀内应力的作用下以无锐角的颗粒形式碎裂，形成网状裂纹，对人体伤害大大降低。

钢化玻璃在无直接机械外力作用下发生的自动性炸裂叫作钢化玻璃的自爆，根据不完全统计，普通钢化玻璃的自爆率在1‰～3‰左右。自爆是钢化玻璃固有的特性之一。

2. 钢化玻璃自爆的原因

那么，钢化玻璃自爆的原因是什么？

从工艺上说，钢化玻璃的原料是普通玻璃，制作过程是将普通玻璃入炉加热到650～750℃，使玻璃软化后再投入冷却液或使用高压冷空气迅速降至室温。

玻璃急剧冷却时，表层收缩，存在着压缩应力；而内层降温收缩迟缓，存在着伸张应力，内应力的大小及其分布形式是影响玻璃强度及炸裂的主要原因。如果工艺不稳定，玻璃某一部分内应力大于外应力，就会出现炸裂。图3-24是其原理示意。

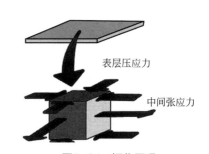

表层压应力

中间张应力

图3-24 钢化原理

从质量上说，导致钢化玻璃自爆的内因是硫化镍的存在。钢化玻璃的生产原料是石英砂矿石，硫化镍就存在于石英砂矿石中，虽然玻璃厂家在生产过程中，会尽量去除硫化镍，但以目前的技术，还无法将硫化镍完全清除干净。因此在制作过程中，钢化玻璃内部就会残留硫化镍的微小杂质（图3-25），它会随时间推移发生晶态变化，体积增大，破坏钢化玻璃内部的

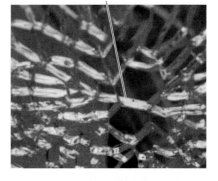

硫化镍(NiS)结石

图3-25 钢化玻璃内部的硫化镍

应力平衡，从而可能导致突然自爆。

防范钢化玻璃爆炸带来的伤害，以下几点是要注意的：

① 购买钢化玻璃时需要关注玻璃厚度，薄于6mm的玻璃安全性无保障。

② 检查玻璃是否有进行倒角磨边处理，未经磨边的玻璃，即使质量过硬，也无法保障其安全性。

③ 无框的钢化玻璃装置尽量做成有框的，减少四个角受外力的机会。

④ 对家里的玻璃、车玻璃进行贴膜保护，万一出现意外，破裂的玻璃碎块可以聚在一起，不至于四处飞溅或碎裂满地，最大限度地减少对人体的伤害。

⑤ 购买钢化玻璃时检查是否有CCC（中国强制性产品认证）标志（图3-26），另外还要关注是否标注有厂商和产地。

图3-26　CCC标志

⑥ 此外，在安装钢化玻璃时，应注意检查玻璃边缘是否平整，如果不平整，要送去专业人士处进行磨边。在淋浴房安装钢化玻璃时，最好在玻璃边缘贴上防撞条。

⑦ 钢化玻璃的热膨胀系数比较高，如果在安装的过程中没留下足够的伸缩空间，也有可能会导致钢化玻璃遇热膨胀发生自爆。

3.6　未来的玻璃

从最初珍稀的佩戴饰品，到昂贵的宫廷贡品，再到普通的生活用具，玻璃的身价几经起伏，但它一直陪伴着人类走过了上千年的历史长路。

进入新世纪，玻璃在我们的生活中再次闪亮，各种各样"智能玻璃"的出现使它又一次成为人们关注的焦点。这正是未来玻璃的发展方向。

1.　冬暖夏凉的玻璃

我们总有这样的体验：夏天，炎炎烈日，灼热强光让房间里像蒸笼；冬天，凛凛严寒，令人感到室内阴寒无比。

冬暖夏凉对于古人来说是很难实现的一件事，就算是皇上，夏天也只有到避暑山庄才行，但科技发展迅速的今天，冬暖夏凉通过暖气、空调等都一一实现了。

空调的出现，实现了冬暖夏凉，可是它会造成高空臭氧层的破坏，造成环境污染；还会给现代都市本来就稀缺的电力资源再添重负，电力危机的红色警报在人们的耳边尖锐地响起。

能否发明一种既让人们生活得温暖舒适，又不破坏环境、节约能源的新产品呢？

科学家们带来了好消息：已经发明出一种能起着空调作用的玻璃，它能平衡温度，让人在室内感到冬暖夏凉。

这种玻璃为何有如此神奇的功力？

原因在于其表面涂抹了一种超薄层物质——二氧化钒和钨的混合物。

当天气寒冷的时候，二氧化钒能吸收红外线，产生温热效应，从而提高室内温度；相反，窗外温度过高时，两种黏合在一起的物质的分子发生相应变化，反射红外线，从而使室内温度变得凉爽（图3-27）。

在这层神秘的涂层中，最具"智能"的核心就是其中所含的2%的钨，它能决定二氧化钒到底是吸热还是散热。

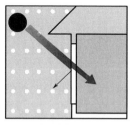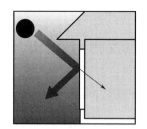

图3-27　玻璃中掺杂二氧化钒的应用效果

也许你将要对这种神奇的玻璃心驰神往了吧，可是它现在仍有一些技术"缺陷"，在它的表面有一层看似肮脏的黄棕色薄层，严重影响了其美观。如何中和这种颜色，让它更美观，是摆在人们面前的一个难题。这需要进一步的努力！

2. 自清洁玻璃

你一定知道东西用久了都会沾染上灰尘，纵然是表明光滑的玻璃也不例外，天长日久，它也需要人们为之清洁。

你也一定见过高层建筑上清洁外墙玻璃的空中"蜘蛛人"，高空作业，危险异常！这些清洁工作要么烦琐，要么危险，都是一些麻烦的苦差事。

能否发明一种能实现自我清洁的新产品，让我们可以把擦拭玻璃窗的不便与危险都统统抛开呢？

所谓自清洁玻璃，是指普通玻璃在经过特殊的物理或化学方法处理后，其表面产生独特的物理化学特性，从而使玻璃不再通过传统的人工擦洗方法，而在自然雨水的冲刷下达到清洁一新的状态。自清洁玻璃可分为超亲水性自清洁玻璃和超疏水性自清洁玻璃。

超亲水性自清洁玻璃的自清洁功能表现为两方面。一是靠其表面对水的亲和性，使水的液滴在玻璃表面上的接触角趋于零。当水接触到玻璃时，迅速在其表面铺展，形成均匀的水膜，表现出超亲水的性质，通过均匀水膜的重力下落带走污渍，通过该方式将可以去除大部分有机或无机污渍。二是光催化分解有机物的能力，TiO_2 在紫外光或可见光照射下，以其特有的强氧化能力，可将其表面的几乎所有有机物完全氧化为水及相应的无害无机物，而且对环境不造成二次污染。

通常，自清洁玻璃都是超疏水的，利用超疏水技术使得玻璃表面产生超疏水和超疏油的特殊表面，使处在玻璃表面的水无法吸附在玻璃表面而变为球状水珠滚走，亲水性污渍和亲油性污渍无法黏附于玻璃表面，从而保证了玻璃的自清洁。疏水自清洁玻璃大多模仿荷叶的自清洁效果（荷叶效应，见图3-28），是在玻璃表面镀一层疏水膜制备而成的。这种疏水膜可以是超疏水的有机高分子氟化物、硅化物和其他高分子膜，也可以是具有一定粗糙度的无机金属氧化物膜。

自清洁玻璃的用途很广，它给人们的日常生活带来许多便利。其在紫外光照射下能够降解有机物，具有杀菌的效果，可以用于医院手术仪器、厨房玻璃等；空气中的水蒸气不会凝结在玻璃表面，可以用于汽车挡风玻璃及后视镜、浴室镜子、锅盖、眼镜镜片、仪器仪表玻璃等；其自清洁性能使其广泛用于玻璃幕墙、门窗玻璃、天窗玻璃、家电玻璃、灯具灯罩玻璃等。

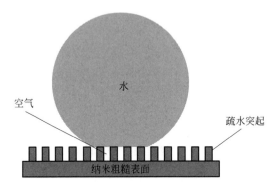

图3-28　荷叶效应示意图

3. 可代替窗帘的玻璃

在为卧室安装玻璃时，我们面临着这样的选择：

普通玻璃：可以让室内光线充沛，阳光灿烂，但是它也让你的生活中的隐私暴露得一览无余。

有色玻璃或者毛玻璃：虽然让你留够了私人空间，但它却有着不透光的缺陷。

最终，人们往往无可奈何地选择妥协：在窗玻璃后面拉上一道厚重的窗帘！也许不久后，这个让你头疼的问题将不复存在！

科学家正在研发的一种采用电控材料来调整透光率的玻璃会使这个难题迎刃而解。

一块亮晶晶的普通玻璃，经过简单的遥控调节，在刹那间就变成了不透明的毛玻璃。

这种玻璃为什么可以从透明变得不透明呢？

奥秘在于这种玻璃是两块普通玻璃中间加了层通电的液晶分子膜。

当没有电流通过薄膜时，液晶分子在自由状态下呈无规律排列，入射光被散射，玻璃变暗；当通电施加磁场后，液晶分子呈垂直排列，允许入射光通过，玻璃便透明起来。

也就是说，人们只需通过调整电压的高低来调节玻璃的透光率，从而替代窗帘的开合。

液晶材料是一种有机化合物，液晶分子的主要元素为碳（C），其结构为细长的棒状。如果对这种棒状的液晶分子施加电压，会产生"电偶极矩"现象，即正负电压之间隔着一定距离形成一对对的特殊形态，这种效应会对液晶分子的电场大小以及方向产生影响与改变。正是由于电偶极矩现象，当人们在液晶分子层加入电压时，液晶分子内部产生正负两种电极，然后对外界的电场大小与方向开始产生影响，于是改变了液晶分子的行进方向。当电源停止加压后，液晶分子的正电荷向负电荷的方向前进，负电荷朝向正电荷端前进，这样也就改变了液晶分子的排列方向（图3-29）。

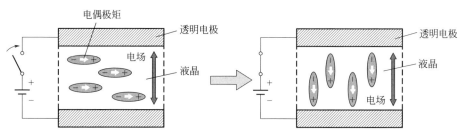

图3-29　对液晶分子施加电压后状态的改变

在未施加电压时液晶分子为配向膜的排列状态，即液晶分子与玻璃基板平行并且呈90°扭转。当外界施加电压后，液晶分子就不再收到配向膜的约束，与玻璃基板呈垂直状态，这样液晶分子层就能够起到遮蔽光线的作用，控制光通量。

玻璃经历几千年的发展，从最初腓尼基人发现的"晶莹明亮、闪闪发光的东西"到古埃及人制出的简单玻璃器皿，再到珍稀的佩戴饰品和昂贵的宫廷贡品，直到现在的普通生活用具、科学技术领域的重要材料和珍贵的艺术精品，那些"具有灵气的智能玻璃"，其种类和数量呈现了指数式的增长，其质量发生了翻天覆地的变化。玻璃的发展历程体现的是人们对更加便利生活的渴望，延伸的是人们无穷的智慧和非凡的才能。而聪明的读者，你是不是从这些"神奇玻璃"中获得什么启发呢？也许有一天，在你手里，一块更加智能化、更加神奇的玻璃将诞生！

3.7　会呼吸的材料——石膏

近年来，建筑行业发展迅速，也带动了许多建筑材料的发展，其中发展效益大，最受欢迎的要数石膏砌块，为我们的城市发展奠定了基础。

提起建筑物的墙面抹灰材料，人们总会想到水泥砂浆。不可否认，水泥砂浆产品的耐水性好，强度较高，价格相对便宜。

但有一种更好的建筑装饰材料，那就是石膏。它具有其他材料不可比拟的优异性能，是世界公认的、广泛使用的绿色环保建筑材料，又称"第二水泥"。

常见的石膏建材如石膏天花板、石膏腻子、特种砂浆、粉刷石膏、石膏墙板、模具石膏、石膏砌块等，均以建筑石膏为原料制成。

生产建筑石膏的原料主要为天然石膏（又称生石膏）。

石膏是以硫酸钙为主要成分的矿物，当石膏中含有的结晶水不同时，可形成多种性能不同的石膏。

1.　石膏的分类

（1）无水石膏（$CaSO_4$）（图3-30）

也称硬石膏，它结晶紧密，质地较硬，是生产硬石膏水泥的原料。

图3-30　无水石膏

（2）天然石膏（$CaSO_4 \cdot 2H_2O$）（图3-31）

也称生石膏或二水石膏，大部分自然石膏矿为生石膏，是生产建筑石膏的主要原料。

图3-31　天然石膏

（3）建筑石膏（$CaSO_4 \cdot 1/2H_2O$）

也称熟石膏或半水石膏。它是由生石膏加工而成的，根据其内部结构不同可分为 α 型半水石膏和 β 型半水石膏。

建筑石膏通常是由天然石膏经压蒸或煅烧加热而成的。常压下煅烧加热到 107 ～ 170℃，可产生 β 型建筑石膏：

$$CaSO_2 \cdot 2H_2O \xrightarrow[\text{常压}]{107\sim170℃} CaSO_4 \cdot \frac{1}{2}H_2O + \frac{3}{2}H_2O$$

（二水石膏）　　　　　　　（β 型半水石膏）

124℃条件下压蒸（1.3 倍大气压）加热可产生 α 型建筑石膏：

$$CaSO_4 \cdot 2H_2O \xrightarrow[\substack{124℃\\压蒸}]{} CaSO_4 \cdot \frac{1}{2}H_2O + \frac{3}{2}H_2O$$

（二水石膏）　　　　　　　（α 型半水石膏）

由于加热的程度和条件不同，脱水石膏的结构和特性也不相同，二水石膏在干燥条件下加热过程中生成的不同变种及其形成与转化的条件如图3-32。

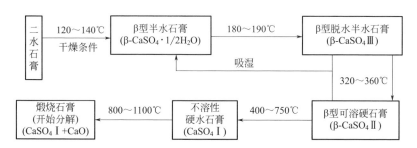

图3-32　石膏不同变种及形成与转化的条件图

2. 建筑石膏的凝结硬化

半水石膏遇水后将重新水化生成二水石膏：

$$2\,CaSO_4 \cdot \frac{1}{2}H_2O + 3H_2O \longrightarrow 2\,(CaSO_4 \cdot 2H_2O)$$

这个反应实际上也是半水石膏的溶解和二水石膏沉淀的可逆反应，因为二水石膏溶解度比半水石膏的溶解度小得多，所以此反应总体表现为向右进行，二水石膏以胶体微粒自水中析出。

随着二水石膏沉淀的不断增加，就会产生结晶，结晶体的不断生成和长大，晶体颗粒之间便产生了摩擦力和黏结力，造成浆体的塑性开始下降，这一现象称为石膏的初凝；而后随着晶体颗粒间摩擦力和黏结力的增大，浆体的塑性很快下降，直至消失，这种现象为石膏的终凝。

石膏终凝后，其晶体颗粒仍在不断长大和连生，形成相互交错且孔隙率逐渐减小的结构，其强度也会不断增大，直至水分完全蒸发，形成硬化后的石膏结构，这一过程称为石膏的硬化。石膏浆体的凝结和硬化，实际上是交叉进行的。

3. 建筑石膏的技术性质

（1）凝结硬化速度快

建筑石膏的浆体，凝结硬化速度很快。一般石膏的初凝时间仅为10min左右，终凝时间不超过30min，这对于普通工程施工操作十分方便。有时需要操作时间较长，可加入适量的缓凝剂，如硼砂、动物胶、亚硫酸盐乙醇废液等。

（2）凝结硬化时的体积微膨胀

建筑石膏凝结硬化是石膏吸收结晶水后的结晶过程，其体积不仅不会收缩，而且还稍有膨胀（0.2%～1.5%），这种膨胀不会对石膏造成危害，还能使石膏的表面较为光滑饱满，棱角清晰完整，避免了普通材料干燥时的开裂。

（3）孔隙率大，表观密度小，绝热、吸声性能好

建筑石膏在使用时，为获得良好的流动性，常加入的水分要比水化所需的水量多，因此，石膏在硬化过程中由于水分的蒸发，使原来的充水部分空间形成孔

隙，造成石膏内部的大量微孔，使其重量减轻，但是抗压强度也因此下降。

（4）良好的隔热、吸声和"呼吸"功能

石膏硬化体中大量的微孔，使其传热性显著下降，因此具有良好的绝热能力；石膏的大量微孔，特别是表面微孔对声音传导或反射的能力也显著下降，使其具有较强的吸声能力。大热容量和大的孔隙率及开口孔结构，使石膏具有呼吸水蒸气的功能。

（5）防火性好，但耐火性差

硬化后石膏的主要成分是二水石膏，当受到高温作用时或遇火后会脱出21%左右的结晶水，并能在表面蒸发形成水蒸气幕，可有效地阻止火势的蔓延，具有良好的防火效果。

耐火性差，也就是这种材料在火的作用下，一旦达到分解温度，它的完整性、稳定性等会受到破坏。

（6）耐水性、抗冻性差

由于硬化石膏的强度来自晶体粒子间的黏结力，遇水后粒子间连接点的黏结力可能被削弱。部分二水石膏溶解而产生局部溃散，所以建筑石膏硬化体的耐水性较差。

3.8　装修扫盲：吊顶材料的选择

吊顶装修在以前很简单，安一盏灯泡就了事了。现在，如果你还这样装修你的房间，那你就落伍了。要知道吊顶材料的选择也是一门学问，选择不一样的吊顶材料，可呈现一片不一样的天空！我们就先来了解一下吊顶有哪些材料。

现在吊顶已经逐渐成为了室内家居装饰不可或缺的一部分，吊顶不但有隔音的效果，更可以美化室内空间。那么平时家装做的吊顶用什么材料好呢？

室内吊顶要分为客厅、阳台、厨卫几个部分，而不同地方所使用的吊顶材料也不一样哦。

1. 吊顶材料的分类（图3-33）

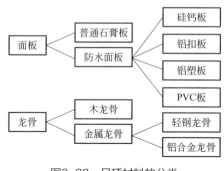

图3-33　吊顶材料的分类
PVC—聚氯乙烯

2. 客厅吊顶用什么材料好？

如果客厅只是做局部吊顶的话，一般都是运用一定的高低差做吊顶，并利用灯光照明来增强空间感，这样的吊顶该选择什么样的材料呢？

建议可以使用弹力布再加上内衬的灯光（图3-34）。

图3-34　弹力布内衬灯光吊顶

准备全局吊顶的客厅则建议使用轻钢龙骨的石膏板吊顶，不但造型多变，而且性价比也较高。

（1）石膏板

以石膏为基材，掺入少量添加剂及增强纤维，经搅拌、成型、烘干等工艺而制成的新型材料。有装饰石膏板、纸面石膏板、吸声用穿孔石膏板等。

石膏板的特性有：

质轻：用纸面石膏板作隔墙，重量仅为同等厚度砖墙的 1/15，砌块墙体的 1/10，有利于结构抗震。

保温隔热：由于石膏板的多孔结构，具有很好的保温隔热性能。

防火阻燃：石膏芯本身不燃，且遇火时在释放化合水的过程中会吸收大量的热，延迟周围环境温度的升高。

隔声性能好：纸面石膏板隔墙具有独特的空腔结构，大大提高了系统的隔声性能。

可施工性好：石膏板可锯可钉，施工非常方便。

另外，石膏板收缩率小、不老化、防虫蛀。

石膏板还具有"呼吸"功能！当空气中的湿度比它本身的含水量大时，石膏板能吸收空气中的水分；反之，则石膏板可以放出板中的水分，能起调节室内空气中湿度的作用。不过这个作用是有限度的。

（2）玻璃

玻璃（尤其是磨砂玻璃）也可作天花板，玻璃类的材质具有透明感，并且容易清洁，即使油烟向上飘散，只要用干布擦拭即可干净。而玻璃又可分为雾面玻璃与彩色玻璃（包含镶嵌与彩绘）两种，但在使用时，一定要注意将光滑面向下，否则不但不好清洁，油烟还会破坏彩绘效果。

3. 厨卫吊顶用什么材料好？

厨卫吊顶材料的选择是最需要注意的，这里的吊顶材料和其他室内空间吊顶的材料选择有很大的不同，因为厨卫吊顶选材需要考虑到以下几个重点：阻燃耐高温、耐油污易打理、防水防潮。

而符合这些条件的吊顶材料有：铝扣板、防水石膏板、PVC 板、杉木和集成吊顶。其中最易打理的是集成吊顶和铝扣板吊顶，而 PVC 板吊顶可供选择的花样最多，杉木吊顶则适合特定的装饰风格，例如田园、地中海等。

（1）铝扣板

具有阻燃、防腐蚀、防潮等优点，而且拆装方便。如果要调换或者清洁，可用吸盘或专用拆板器将其取下来。铝扣板板面平整，棱线分明，整体效果大气高雅。现在铝扣板的花色款式很丰富，装饰效果非常好。

（2）桑拿板

是一种专用于桑拿房的原木板材，容易安装，一般都经过脱脂处理，具有耐高温、不易变形、健康环保等特点，即使长期浸泡在水中也不会腐烂。用于卫浴间时，最好在表面涂刷一层油漆。

（3）PVC吊顶

以PVC为原料，经过加工后具有重量轻、安装简便、防水防潮、防蛀虫等优点。它的表面花色图案变化多，且具有耐污染、易于清洗等优良性能。另外，这种材料的成本较低，适合作为卫浴间、厨房以及阳台等空间的吊顶材料。

（4）集成吊顶

集成吊顶就是将吊顶模块与电器模块，制作成标准规格的可组合式模块，安装时集成在一起。可以做到照明灯具、吊顶、暖灯、风扇之类的厨卫常见顶部装备都整合在一起，还可增加一些音响之类的个性化设备。

4. 阳台吊顶用什么材料好？

阳台吊顶一般分两种情况，如果准备把阳台封掉的话，则可以和室内的吊顶材料一样使用轻钢龙骨石膏板吊顶，也可以用塑钢板吊顶。

阳台不封掉的吊顶材料最好选择桑拿板吊顶（图3-35），它的优点就是容易适应室内外环境，并且防潮、耐高温。

图3-35 阳台桑拿板吊顶

5.　龙骨

龙骨材料被寓意为能像龙的骨头一样坚硬。它是用来支撑造型、固定结构的一种建筑材料。图3-36是龙骨结构。

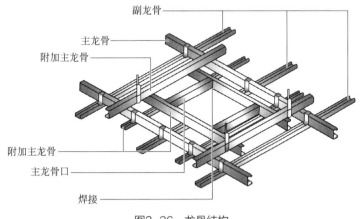

图3-36　龙骨结构

龙骨一般有木龙骨和金属龙骨（图3-37）。

图3-37　木龙骨和金属龙骨

走道和卧室的吊顶材料用什么好呢？其实卧室、走道和客厅是同一个类型啦，它们的吊顶材料选择是共通的，不过一般选择木龙骨和轻钢龙骨的石膏板吊顶居多。

3.9　地砖上墙好不好

地砖上墙早已不是什么新鲜的事，成了近年来比较流行的一种装修方式，很多人在购买瓷砖的时候，都会被推荐用地砖当墙砖使用，他们觉得个性、时尚、符合自己的审美标准。有的用在电视背景墙、沙发背景墙等装饰墙面，有的则用在厨房和卫生间的墙面。那么，地砖上墙好不好呢？

其实有时候我们在选择装修材料的时候还是不要太任性，多考虑一下实际的用途及安全性才是最重要的，也许很多人还没有意识到地砖上墙好不好这个问题，这也是不少人存在的一些疑问。

1. 地砖上墙的优点

地砖上墙是现在流行的铺贴方式，尤其是自建房或别墅，可以让装饰大气、美观、有档次一些。

2. 地砖上墙的缺点

地砖上墙弊端多。

（1）容易造成空鼓（图3-38）

墙砖瓷片坯体气孔多，有利于黏合；墙砖和地砖的物理特性不同，墙面砖吸水率大概为10%，为而地砖吸水率只有1%。地砖吸水率远远低于墙砖，容易造成空鼓；时间长了砖容易脱落，存在安全隐患。

图3-38　空鼓的墙面

（2）清理困难

墙砖一般为釉面砖，比地砖光洁，清理起来比较容易，在这一点上，地砖上墙对卫生间影响还不大，但对厨房来说影响却很大，厨房是重油污的地方，方便清洁打理才是厨房装修的重点。

严格来说，墙砖是陶制品，地砖是瓷制品，两者从黏土配料到烧制工艺都有很大区别，因此吸水率不同。

卫生间和厨房的地面由于经常需要用清水洗刷，所以应铺设吸水率低的地砖，这样瓷砖才不容易受水汽的影响，也不容易吸纳污渍。墙砖是釉面陶制的，含水率较高，不易清洁，而且其背面一般比较粗糙，有利于墙砖更加牢固地贴合在墙上。所以，墙砖和地砖最好不要混用，否则很可能给生活带来不必要的安全隐患。

按陶瓷制品所用原材料不同以及坯体的密实程度不同，还有它的烧结温度不同，陶瓷可以分为陶器、瓷器和炻器三大类。

陶质制品：

它为多孔结构，通常吸水率比较大，断面粗糙无光、不透明，敲击时声音粗哑，有施釉和无釉两种制品。烧成温度比较低，大约是在1000～1200℃之间。

陶质制品根据其原材料杂质含量不同，又可以分为精陶和粗陶两种，粗陶不施釉，建筑上常用的烧结黏土砖、瓦就是最普通的粗陶制品。精陶一般经过素烧和釉烧两次烧成，通常呈灰白色或者是象牙色，吸水率9%～12%，高的可以达到18%～22%，建筑上常用的釉面砖、卫生陶瓷、彩陶都属于这一种（图3-39）。

图3-39　陶质制品

瓷质制品：

瓷质制品结构致密，基本上不吸水，颜色洁白，有一定的半透明性，具有较高的力学性能，它的表面通常施有釉层，烧成温度比较高，一般在1200～1400℃之间。瓷质制品多为日用瓷茶具、陈设瓷、电瓷（图3-40）以及美术用瓷，等等。

图3-40　瓷质制品——电瓷

炻质制品：

炻质制品是介于陶质和瓷质之间的一类陶瓷制品，也称为半瓷。与陶的区别是气孔率低、抗拆抗冲击性能好，烧成温度一般是1100～1300℃之间，而与瓷的区别是坯体有颜色，断面比较粗糙。

炻器按其坯体的细密程度不同，又分为粗炻器和细炻器两种，粗炻器吸水率4%～8%，而细炻器一般是小于2%。建筑饰面用的外墙面砖、地砖还有陶瓷锦砖（也就是我们常说的马赛克，图3-41）一般为粗炻制品。而细炻器一般用于日用的瓷器，化工、电器工业用的陶瓷，等等。

图3-41　炻质制品——马赛克

（3）墙砖和地砖在铺贴方法上也各有不同

因墙砖有较高的含水率，所以在粘贴前应充分浇水浸泡，最好浸泡两小时以上再进行施工，以免砂浆的水分被干燥的基层和瓷砖迅速吸收而快速凝结，从而影响其黏结牢度。同时，墙砖还会从水泥里吸收水分，使水泥无法起到黏结剂的作用。

（4）地砖上墙铺贴难度大

相应的铺贴人工费也就高，无形中增加了装修费用，尤其是大面积地砖上墙铺贴会让装修的预算超支不少。弄得不好就容易掉砖，会很危险的。

通过以上对地砖上墙好不好及利弊的介绍，你心中大概已经有数了。对于今后房子装修时选择什么样的装修材料也有底了。

3.10　神奇的稀土

稀土，被广泛应用于从手机到导弹等几乎所有高科技产品中，被誉为"工业味精""工业维生素"和"新材料之母"，也是极为珍贵的战略性金属资源。

稀土元素是一个"人丁兴旺"的大家族，有钪（Sc）、钇（Y）、镧（La）、铈（Ce）、镨（Pr）、钕（Nd）、钷（Pm）、钐（Sm）、铕（Eu）、钆（Gd）、铽（Tb）、镝（Dy）、钬（Ho）、铒（Er）、铥（Tm）、镱（Yb）、镥（Lu）17 个兄弟姐妹（图 3-42）。

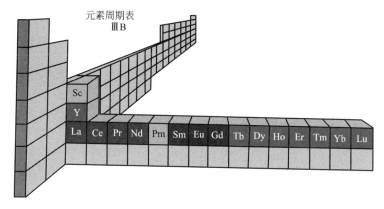

图 3-42　稀土元素周期表

叫"稀土"，其实有点名不副实，因为，稀土家族整体，既不稀，也不少，地壳中的分布量比常见的铜、铅、锌、铝多得多（图 3-43）。它们也不像土，是典型的金属，有银白色的光泽、优良的导电性能和活泼的化学性能，能与氧、硫、卤素形成化合物。为什么叫稀土呢？这不能不从它的发现说起。

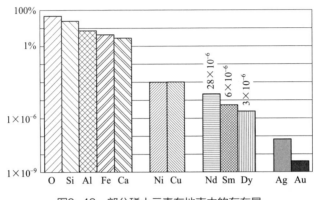

图3-43   部分稀土元素在地壳中的存在量

1. 稀土的发现

瑞典人阿累尼乌斯是位业余矿物爱好者，1787年，他在斯德哥尔摩附近一个叫伊特比的村庄找到一块既像煤又像沥青的石头。因不知为何物，就叫它"伊特比石"。

7年后，芬兰化学家加多林对"伊特比石"进行多次试验，确认其中除铁、镁氧化物、石灰、硅土外，还有一种未知元素的氧化物，是一种"新土"。化学界习惯把不溶于水、又有耐火能力的固体氧化物叫土。加多林认为此土稀奇罕见，遂称为"稀土"。后来，把组成化合物的金属就称为稀土金属。因此，理解稀土金属不能望文生义。今天说到"稀土"，可能指单一或复合的稀土化合物，也可能指稀土纯金属或其合金。

随后，瑞典科学家把在稀土中找到的4种稀土元素，用伊特比（Ytterby）村名中的3～6个字母分别命名为钇（Yttrium）、铽（Terbium）、铒（Erbium）和镱（Ytterbium）。一个村落竟然为4种元素命名，这在世界上是绝无仅有的。

新的元素还在发现，科学家又陆续找到钪、钬、铥、钆、镝、镥，在铈硅石矿中又找到铈、镧、钐、铕、镨和钕。1947年，美国人在铀裂变生成人工放射性同位素时发现了钷；1972年，在自然界里找到钷。还继续用Ytterby的几个字母实在不太合适了，于是化学家们终于放弃了这种命名方式……像其他通过当地矿石发现的元素分别获得了这样的名字：钬（Holmium）是来自斯德哥尔摩的拉丁名字（Holmia）；铥（Thulium）是来自斯堪的纳维亚地区的一个古希腊名（Thule）；钪（Scandium）也是来自斯堪的纳维亚的一个名字。

由于稀土元素习性相近，又以差别很大的含量共生一矿，常和铀、钍、钽、铌、钛群集，将它们分离、提纯非常困难。经过几代科学家的努力，才将 17 个兄弟姐妹一个个从"深闺老宅"中请出来，结束了亿万年同居一室、彼此相见却不相识的局面，实现了大团圆。

2. 稀土的分类

根据稀土元素电子层结构和物理化学性质，以及它们在矿物中共生情况和不同的离子半径可产生不同性质的特征，十七种稀土元素通常分为二组：

轻稀土：镧、铈、镨、钕、钷、钐、铕。

重稀土：钆、铽、镝、钬、铒、铥、镱、镥、钪和钇。

3. 稀土的应用

稀土在几乎所有的领域都具有神奇的功效，被誉为改造传统产业、提升传统产品及研发新产品的"维生素"。

19 世纪末，奥地利的 Welsbach 首先用含稀土氧化物的纱罩汽灯点亮了维也纳大学化学系演说厅，这种显色好、寿命长、比电灯亮数十倍的稀土汽灯立刻风靡全球。

冶金是利用稀土的大户，与普通钢相比，稀土钢的强度、韧性、塑性、抗疲劳强度、抗腐蚀性、抗裂性都有显著提高，现在造的大桥、船、车、铁轨、管道、钢塔等大型钢结构都用稀土钢。耐热钢、不锈钢、硬质合金添加微量稀土，就能使性能和寿命大大提高。

用稀土球墨铸铁制造柴油机曲轴，不仅成本降低，且寿命更长，实现了以铁代钢、以铸代锻的梦想。稀土铝合金导线不但导电性好，而且强度接近钢。在铝合金中加入微量钪，可阻止焊接热裂纹，使飞行器的传统铆接改焊接成为可能。

这不但节约材料，而且使结构的强度增加，重量减轻，这是航空、航天制造工艺的重大进步。

稀土在石油裂化中是重要的催化剂；稀土汽车尾气净化剂可部分代替原来使用的贵金属铂、钯、铑，降低成本，还不会因使用铅汽油而"中毒"，因而深受汽车、环保界青睐。

稀土还是合成橡胶的催化剂，其产品可与天然橡胶媲美。

在农、林、养殖业中，稀土有微量元素激活剂的奇妙作用。只需加少量的稀土微肥，便可使粮、油、菜、果增产，而且还能提高作物抗寒、旱及病虫害的能力。

稀土有抑制癌细胞作用，同时能促进人体抗癌细胞的生长。现在，稀土功能的研究已扩大到生物领域，科学家拟用稀土催化剂切断癌细胞与艾滋病的基因，一旦研究成功，将是人类最大的福音。

更重要的是，用稀土可制造特殊的光电磁多功能材料，如荧光材料、永磁材料、贮氢蓄能材料、激光材料、超导材料、光导材料、功能陶瓷材料、半导体材料，这些都是发展信息产业、开发新能源及环保、航空航天业等尖端科技不可或缺的新材料。

美国认定35个、日本认定26个对本国经济技术发展至关重要的战略性元素时，都把17个稀土元素列入其中。

稀土已成为世界性的争夺对象。稀土，令世界瞩目！

第4章

多姿多彩的
高分子材料

4.1 你应该知道的面料知识——合成纤维

你知道你穿的衣服是什么材料做的吗？你知道涤纶、腈纶、锦纶、维纶、氯纶都是什么材料吗？

如果服装面料是由一种纤维材料制成的，则用"纯×"或"100%×"来表示，如"纯棉""纯毛"或"100%棉""100%毛"；如果服装是由两种或两种以上的纤维制成的，标签上应注明每种纤维种类的含量，如"涤纶10%，棉90%"等。

那么这些标签里面的材料都是什么含义呢？有时候是不是看得一头雾水？下面我们来具体了解一下。

化学纤维是经过化学处理加工而制成的纤维，可以分为人造纤维、合成纤维和无机纤维。

人造纤维（也叫再生纤维）是用木材、甘蔗等天然纤维为原料，经过化学加工而制成的。

合成纤维是以小分子有机化合物为原料合成的，如腈纶、锦纶、维纶、氯纶、涤纶和丙纶等六大纶。合成纤维具有优良的性能，如强度高、弹性好、耐磨、耐化学腐蚀和不怕虫蛀等。

而无机纤维是以天然的无机物或者含碳高聚物纤维为原料，经过人工的抽丝或者直接碳化制成的。它包括玻璃纤维、金属纤维和碳纤维等。

纤维的分类见图4-1。

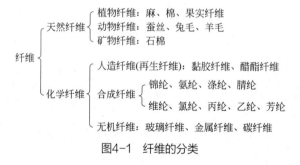

图4-1 纤维的分类

1. 涤纶——不易起皱的纤维

化学名称为聚酯纤维，商品名为涤纶，俗称的确良，基本组成物质是聚对苯二甲酸乙二酯。

涤纶弹性好，弹性模量大，比尼龙66大2～3倍；不易变形，织物抗皱性特好；强度高，抗冲击性能高；耐磨性仅次于锦纶，耐光性仅次于腈纶（好于锦纶）；化学稳定性和电绝缘性也较好；不发霉，不虫蛀。

缺点是吸水性差，染色性差，不透气，穿着感到不舒服，摩擦易起静电，容易吸附脏物。

现在除大量用作纺织品材料外，工业上广泛用于运输带、传动带、帆布、渔网、绳索、轮胎帘子线及电器绝缘材料等。

2. 锦纶——首先工业化的合成纤维

化学名称为聚酰胺纤维，商品名称为锦纶或尼龙，由聚酰胺树脂抽丝制成。主要品种有尼龙6、尼龙66和尼龙1010等，其中尼龙66为第一种投入工业化生产的合成纤维，它于1936年由美国杜邦公司发明并生产。

锦纶的特点是质轻、强度高（锦纶绳的抗拉强度较同样粗的钢丝绳还大），弹性和耐磨性好。锦纶还具有良好的耐碱性、电绝缘性及染色性，不怕虫蛀。

但耐酸、耐热、耐光性能较差，弹性模量低，容易变形，故用锦纶做成的衣服不挺括。

锦纶多用于轮胎帘子线、降落伞、宇航飞行服、渔网、绳索、尼龙袜、手套等工农业及日常生活用品。

3. 腈纶——人造羊毛

化学名称为聚丙烯腈纤维，商品名称为腈纶、开司米或奥纶。它是丙烯腈的聚合物，由聚丙烯腈树脂经湿纺或干纺制成。

腈纶质轻（比羊毛轻11%），保暖性好，类似羊毛，故俗称人造羊毛（图4-2）。腈纶毛线的强度较纯羊毛毛线高2倍以上。

它不发霉、不虫蛀，弹性好（仅次于涤纶），吸湿小，耐光性能特别好（超过涤纶），耐热性较好，能耐酸、氧化剂、有机溶剂。

但耐碱性、染色性、耐磨性较差，弹性不如羊毛，摩擦易起静电和小球。

图4-2　人造羊毛

主要用于帐篷、幕布、船帆等织物，还可与羊毛混纺织成各种衣料，也可用作制备碳纤维的原料。

4.　维纶——合成棉花

化学名称为聚乙烯醇缩甲醛纤维，商品名称为维尼纶或维纶，由聚乙烯醇缩甲醛树脂经湿纺制成。

维纶的最大特点是吸湿性好，和棉花接近，性能很像棉花，故又称合成棉花。

维纶具有较高的强度（约为棉花的两倍），耐磨性、耐酸碱腐蚀性均较好，耐日晒，不发霉、不虫蛀、成本低；其纺织品柔软保暖，结实耐磨，穿着时没有闷气感觉，是一种很好的衣着原料。

但由于它染色性、弹性和抗皱性差，现在主要用于帆布、包装材料、输送带、背包、床单和窗帘等。

5.　丙纶——能浮在水面上的合成纤维

化学名称为聚丙烯纤维，商品名称为丙纶，由聚丙烯制成。

丙纶的特点是质轻、强度大，相对密度只有0.91，为目前唯一能浮在水面上的合成纤维，故是渔网及军用蚊帐的好材料。丙纶耐磨性良好，吸湿性很小，绝缘性好，还能耐酸碱腐蚀，但耐光性及染色性较差。用丙纶制的织物价格低，易洗快干，不走样，保暖性比羊毛高21%左右，现在除用于衣料、毛毯、地毯、保暖袜、工作服外，还用于包装绳、降落伞、医用纱布和手术衣等。

6.　氯纶——首先发明的合成纤维

　　化学名称为聚氯乙烯纤维，商品名称为氯纶，为20世纪20年代由德国化学家克拉特发明的第一种合成纤维，由聚氯乙烯树脂制成。

　　这种纤维的特点是保暖性好。遇火不易燃烧，化学稳定性好。能耐强酸和强碱，弹性、耐磨性、耐水性和电绝缘性均很好，并能耐日光照射，不霉烂、不虫蛀。其常用于制作化工防腐和防火衣等用品（图4-3），以及绝缘布、窗帘、地毯、渔网、绳索等。

图4-3　氯纶材料的防火服

7.　氨纶——高弹性的纤维

　　氨纶为弹性聚氨酯纤维的商品名称，由美国杜邦公司于1958年首先生产，目前市场上主要有聚醚型和聚酯型两大类。

　　氨纶最大的特点为弹性特好，类似我们常见的橡皮筋，手感细腻柔软、吸湿能力强、容易染色。目前多用氨纶作内芯，在其外面包上一层其他纤维制成包芯纱，再织成体操服、游泳衣、滑雪衣等紧身服装，以减小运动阻力，并能展现人体美。

8.　芳纶——超高强的纤维

　　为芳香族聚酰胺纤维的商品总称，常称为Kevlar（凯芙拉），最初由美国杜邦公司于1965年研制成功。其强度高（约2800～3700MPa，为一般钢的五倍）；密度小，只有钢的五分之一；弹性模量很高，耐热、耐寒（在-196～182℃范围内的性能及尺寸变化不大），受热时不燃烧、不熔化，温度再高则直接炭化；耐辐射、耐疲劳、耐腐蚀。因价格较贵，目前主要用作高强度复合材料的增强材料，如防弹衣、防弹头盔及坦克均采用了含Kevlar纤维的复合材料。

芳纶优良的性能使它在很多方面还有大量的应用（图4-4）。

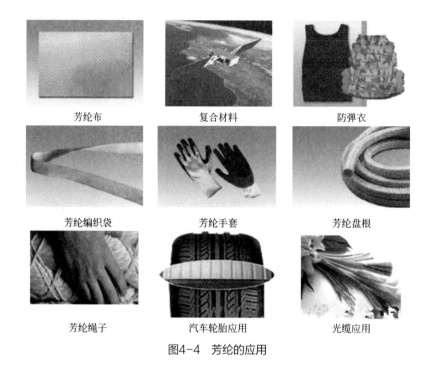

芳纶布	复合材料	防弹衣
芳纶编织袋	芳纶手套	芳纶盘根
芳纶绳子	汽车轮胎应用	光缆应用

图4-4　芳纶的应用

4.2　未来我们穿什么——新型服装面料

你幻想过穿上不用洗的衣服吗？一件衣服可以冬暖夏凉多好，你想不想拥有一件"金钟罩铁布衫"？你想不想衣服可以帮你的手机充电呢？

千百年来，人类赋予服装的使命不外乎遮身御寒、美观时尚。未来，我们穿什么？当更多的高新科技融入服装面料后，各种具有新奇功能的服装也从幻想走入我们的现实生活中。那就来看看未来我们穿什么？

1.　"冬暖夏凉"调温服装

利用太空宇航技术开发的相变调温纤维，可生产出"冬暖夏凉"的调温服装。相变调温纤维是在纤维表面用高科技手段涂上一层含有相变材料的微胶囊，在正常体温状态下，该材料固态与液态共存。用这种纤维制成服装后，当从正常温度环境进入温度较高的环境时，相变材料由固态变成液态，吸收热量；当从正常温度环境进入温度较低的环境时，相变材料又从液态变成固态，放出热量，从而减缓人体体表温度的变化，保持舒适感。

相变材料（PCM，phase change material）是指随温度变化而改变物理性质并能提供潜热的物质。转变物理性质的过程称为相变过程，这时相变材料将吸收或释放大量的潜热。

2. "形状记忆"服装

有一种具有"形态记忆功能"特性的衬衫。当外界气温偏高时，衬衫的袖子会在几秒钟之内自动从手腕卷到肘部；当温度降低时，袖子能自动复原。同时，如果人体出汗时，衣服也能改变形态。这种具有"形态记忆功能"的衣服的奥秘，就在于衬衫面料中加入了镍钛记忆合金材料。应用形状记忆面料剪裁的衣服还具有超强的抗皱能力，不论如何揉压，都能在30秒内恢复原状，这样，人们就再也不用为皱巴巴的衣服烦恼了。

3. 智能防护服装

英国科学家研制出一种特殊衣料，受到撞击时会迅速变硬，借此减缓撞击力，随后立刻变软，不限制穿着人员的灵活性。这种服装面料平时轻而柔韧，但受到撞击时会在1/1000秒内变硬，而且撞击力越强，反应越快。这是因为这种材料由在高速运动时会彼此勾连的柔韧分子链构成，其原理有点像汽车在潮湿的沙地上行驶的情况：慢速行驶时会陷下去，但车速很快时，沙粒就会粘在一起，车也不会下陷。应用这种面料可以制作运动员使用的柔韧护膝、比赛服、运动头盔和适应跑步时负荷变化的运动鞋及户外运动服等。

4. 电子服装

未来的服装将把人们和数字世界融为一体，在电子服装中，甚至连电脑的应用都变得像拉链一样普遍。现在科学家已经发明了一种能够安在衣服上的键盘，你可以轻松地在这种衣服上弹奏出动听的乐曲。相信这种新材料将会成为服装设计师们的新宠。时尚的T型台将不再只是服装设计师艺术创新的发布场，也是科技展现魅力的新舞台。

充电T恤装有一个A4纸大小的压电膜，可吸收声波压力并将其转换成电能，而后存储在电池中。充电时，电能通过导线传输给手机，甚至可以采用无线充电技术充电哦。

5.　自洁免洗服装

早在20世纪50年代，有自动清洁功能的衣服就出现在电影里了，今天，科学家正在将这一幻想变为现实。研究人员将二氧化钛微粒混杂到传统的纺织面料中去，制成具有自洁功能的服装面料。在阳光的照射下，这种面料中的二氧化钛微粒可以起到催化分解面料表面的油脂、污垢、有害微生物及其他污染物的作用（图4-5）。我国科学家以聚乙烯醇为原料，开发了一种具有超强的、不沾水的纳米高分子纤维材料，用这种材料裁成的衣服具有不沾雨水、油脂、油墨等脏物的特点，达到自洁免洗的功能。

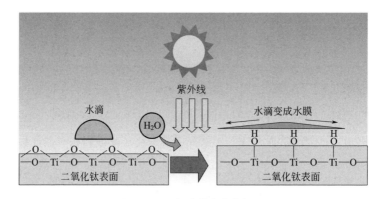

图4-5　二氧化钛亲水的机理

随着科技的发展，越来越多的、神奇的、具有特殊功能的新型服装将会面世，为我们带来更美好、更健康的生活。

4.3　铠甲与防弹衣

数千年来，兵器和铠甲、防弹衣这一对"矛"和"盾"演绎了无数史剧。在斗争中，"矛"和"盾"又通常以矛——兵器为主要方面，引领着铠甲及防弹衣的不断更新和发展。纵观从铠甲到防弹衣的发展历程，它和人类使用材料的历史同步，大体上经历了从天然高分子材料（植物纤维和兽皮等）、青铜、铁与钢到现代人工高分子合成材料及各种复合材料的发展过程。

1.　防弹材料的祖先——盔甲

防弹衣最初是由钢板或陶瓷制成的。"以刚克刚"，利用刚性材料对子弹的反弹提供防护。但这种防弹衣质量大，坚硬，穿着笨重，行动不便，而且脖子等处无法提供保护，所以逐渐被淘汰，被后来研制出的软式和软硬式防弹衣取代。

2.　现代的防弹材料——防弹纤维材料

防弹纤维复合材料是以纤维为增强材料的树脂基复合材料，所用的纤维通常为玻璃纤维、尼龙纤维、陶瓷纤维、碳纤维、石墨纤维、芳纶和聚乙烯纤维等。复合材料具有优良的物理力学性能，其比强度、比模量比金属材料高，其抗声振疲劳性、减振性也大大超过金属材料，更重要的是它具有良好的动能吸收性，且无"二次杀伤效应"，因而具有良好的防弹性能。

3.　新型防弹纤维材料

它包括凯芙拉纤维和碳纤维。

凯芙拉是美国杜邦公司于20世纪60年代中期研制出的一种合成纤维，并于1972年实现了工业化生产。试验表明，凯芙拉吸收弹片动能的能力是尼龙的1.6倍，是钢的两倍。多层凯芙拉织物对枪弹也能达到满意的防护效果。它是用几十层凯芙拉纤维和其他面料加工制成的，可谓"以柔克刚"。当枪弹击中柔式防弹衣的时候，凯芙拉纤维便被拉伸，将弹丸的冲击力分散到织物中的其他纤维上，最后将其危害化解于"无形之中"。由于用凯芙拉制作的防弹衣比尼龙防弹衣重量轻，防弹性能好，所以它受到了许多国家军队和警察的青睐。

碳纤维防弹材料主要是由聚丙烯腈基碳纤维、芳纶纤维、超高强高弹聚乙烯纤维、斯佩克特拉纤维、茧蚕丝、聚氨酯平板、聚氨酯薄膜等复合制作而成。

该种防弹材料的特点是：将各种材料的优异性能集于一身；质轻，导热、散热性好，即时将子弹的冲击能量迅速、快捷地分散到整个面积上，穿透层数少、凹陷度小，能对身体有效地防护。

4. 液体防弹材料

英国南安普敦大学的科学家们发明了一种用从液体水晶提炼的纤维制成的防弹背心。研究人员在实验过程中发现，当对一层水晶施加电压时，所有液体水晶呈同一方向排列，并形成一个长形分子链。用化学手段使水晶分子链结合，形成强拉力纤维，然后用天然树脂将纤维定型，便制成超强力纤维。

正常情况下，该材料像其他液体一样，具有柔软性可变形等特点，一旦遇到弹片或弹头等外力冲击，瞬间转变成为一种硬质材料，阻止其穿过，从而实现防弹、防刺、减振等功能。

液体防弹材料的工作原理是什么呢？

当抗剪稠密液体受到冲击时，组成这种材料的分子的结合方式，和奶蛋糊类似。用汤匙搅动奶蛋糊为例，是这项技术的最好解释。汤匙搅奶蛋糊时，会感觉汤匙受到阻力。当液体防护衣里的液体成分结合在一起时，会感到明显的阻力。搅拌得越快，奶蛋糊变得就越硬，因此当子弹高速撞上该材料时，它会迅速变硬，吸收因撞击产生的冲击力。

液体防弹衣（图4-6）在受压后会自动变硬，吸收撞击在它表面的弹片产生的冲击力。研究人员把它与传统的凯芙拉纤维结合，制成这种"超级护甲"。当这种衣物的黏性物质与传统的凯芙拉纤维粘贴在一起，可以吸收子弹产生的冲击力，并通过变稠，对撞击做出反应。受到撞击前，剪切增稠液体的粒子在平衡状态，受到撞击后，它们凝结成块，形成固定结构。

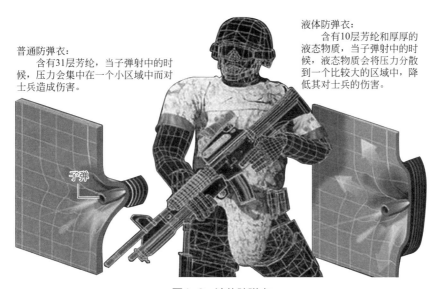

普通防弹衣：
　　含有31层芳纶，当子弹射中的时候，压力会集中在一个小区域中而对士兵造成伤害。

液体防弹衣：
　　含有10层芳纶和厚厚的液态物质，当子弹射中的时候，液态物质会将压力分散到一个比较大的区域中，降低其对士兵的伤害。

子弹

图4-6　液体防弹衣

未来的防弹材料要求更轻、更软、更方便。

5.　防弹材料的应用

防弹材料在现代生活中还有什么应用呢？

防弹玻璃

防弹防盗玻璃由多片不同厚度的透明浮法玻璃和多片PVB胶片科学地组合而成，总厚度一般在20mm以上，要求较高的防弹玻璃总厚度可以达到50mm以上，金属的撞击也只能将玻璃击碎而不能穿透，因此起到防弹防盗的效果。

击剑服全身都是防弹材料

击剑服（图4-7）为白色三件套（上衣、裤子、防护背心），均由防弹材料制成，保证安全。

上衣

背心

裤子

图4-7　击剑服

4.4　蜘蛛丝里有学问

你听说过用一小束细丝就能把小型飞机吊起来吗？

这种丝就是我们许多人都看见过的蜘蛛丝。

曾经有人做过试验，发现扯断蜘蛛丝所需的力，比扯断同样粗细的钢丝所需的力足足大上100倍。通过对蜘蛛丝研究，还发现蜘蛛丝在目前已知的所有的高强度纤维里，是最柔软的，重量也最轻。

蜘蛛丝是由蛋白质分子构成的，因此，它和人体有生物的亲和性，可被微生物所分解，也有一定的吸湿性能，用它做的防弹衣将是世界上最坚固而又最轻柔、最舒适的防弹衣了（图4-8）。

图4-8　蜘蛛丝做的防弹衣

据英国《每日邮报》报道，坚韧如钢、交错如织的蛛网无疑是大自然的神奇造物，富有弹性的蛛网甚至能抵御飓风的侵袭。各国的科学家们正试图揭示蛛网的奥秘，希望能将其用于未来的建筑设计或耐用材料的研发。

美国麻省理工学院的研究人员研究发现，蛛网的成功之处在于：即使有多根蛛丝断掉，蛛网也不会垮掉，甚至会变得更牢固。实验中，研究人员在蛛网各处去掉了总计10%的蛛丝，蛛网的韧性不仅没因此而降低，反而增强了10%。

研究人员还发现，这种韧性不仅是源自每根蛛丝在质地上的强度，也同时源自蛛丝的内部结构。蛛丝纤维能够根据所承受压力的不同而变化柔韧程度，这种特性是其他任何自然纤维或人造纤维所不具有的。科学家们已经证明，蛛丝的强度是等质量钢丝的5倍。实验表明，蛛网的韧性是其他网格的6倍有余。图4-9是蛛丝的内部结构。

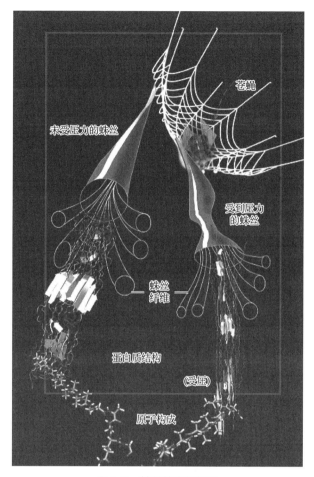

图4-9　蛛丝的内部结构

工程师可以将蜘蛛丝的构造原理应用到其他方面。蜘蛛丝在受到破坏时只受很小的损坏，而不影响整个结构。这一特性可以应用于设计虚拟网络，如互联网，在遭受攻击期间只有本地节点被破坏，而整个系统可继续运行。了解其微观的蛋白质结构和其宏观性质，可能有助于将碳纳米管串在一起，可能有一天会用于生产太空电梯。

在医学领域，这种精细的蜘蛛丝是外科医生手术时理想的缝合线，和医用尼龙线相比，这种蜘蛛丝既有尼龙线的灵活和结实，而且还有可以打结的优点。此外，它还可以用来制作人造肌腱或合成韧带。

由于蜘蛛丝的强度大，人们还可利用它制作降落伞绳，或航空母舰上帮助战斗机在甲板上降落的缆绳、高强度的轮胎帘子线和高强度渔网等。

　　既然蜘蛛丝有这么好的性能，有人会说我们也可以像养蚕宝宝那样来养殖蜘蛛，不就能得到好多蜘蛛丝了吗？事实上，这是不可能的，因为蜘蛛是一种同类相食的动物，如将众多的蜘蛛饲养在一个房舍里，它们会相互残杀吞噬。

　　能不通过蜘蛛来得到蜘蛛丝吗？

　　科学家们告诉我们，完全有这样的可能。

　　这有两个方面的工作：第一，要得到蜘蛛丝的蛋白质，利用转基因技术，将蜘蛛的相关基因转移到细菌、植物体、哺乳动物的乳腺上皮或肾细胞中，进行表达，生成蜘蛛丝蛋白质，并进行提纯；第二，把这蛋白质纺成丝，这样就可得到人造蜘蛛丝了。

　　蜘蛛所用的"纺丝液"是水作溶剂。"纺丝"前，"纺丝液"在丝腺内呈液晶态，并以 α 晶型为主。在其成丝流动过程中，α 结构向 β 反向平行折叠结构转变并且丝条从水中分相出来，丝条一旦形成了 β 反向平行结构就不再溶于水。

　　蜘蛛丝的主要化学成分是甘氨酸、丙氨酸及小部分的丝氨酸，加上其他氨基酸单体蛋白质分子链。外观上又细又柔软的蜘蛛丝之所以具有极好的弹性和强度，其原因在于：

　　一方面，蜘蛛丝中具有不规则的蛋白质分子链，这使蜘蛛丝具有弹性。

　　另一方面，蜘蛛丝中还具有规则的蛋白质分子链，这又使蜘蛛丝具有强度。

　　世界上许多国家的科学家采用不同的方法在研究蜘蛛丝蛋白的合成，总的来说，采用的都是生物工程转基因技术。这些克隆出的蜘蛛丝蛋白基因，就是负责编码制造不同类型的蜘蛛丝所必需的关键蛋白。他们现在能够确定并复制出这些基因，并把这些基因插入一种细菌里，让细菌来为人类制造这种蛋白。也有的是利用遗传工程方法培育出转基因的山羊，让山羊分泌的奶里面含有这种蜘蛛丝蛋白。

　　我国科学家运用转基因的方法，解决了蜘蛛丝蛋白转基因向蚕基因导入、活体基因鉴定、传代育种等一系列关键技术，从而在家蚕丝蛋白质分子链中产生了部分蜘蛛丝蛋白。

4.5　不粘锅与水立方

两种毫不相干的东西为什么放在一起来讲？

其实它们使用的材料是一样的，叫作"塑料王"——聚四氟乙烯。

有些人或许知道，氢氟酸具有很强的腐蚀性，玻璃、铜、铁等常用的材料都会被它"吃"掉，即使很不活泼的银制容器，也不能安全地盛放它。

可是，别看氢氟酸很厉害，能"吃"掉很多东西，有一种东西它却无可奈何，这就是"塑料王"。它的耐腐蚀本领可以说是"全球冠军"，现在还没有发现任何一种溶剂能够把它溶解，就是腐蚀性最强的"王水"，虽然可以腐蚀金和铂，但对它也无能为力。

那么，"塑料王"到底是一种什么材料呢？

它的化学名称叫聚四氟乙烯，是以四氟乙烯为单体聚合起来的高分子，商品名称叫特氟龙，俗称"塑料王"。它的每一个基本单元由 2 个碳原子和 4 个氟原子组成（图 4-10），是由基本原料煤、石油、天然气，再加上氟化氢气体制成。

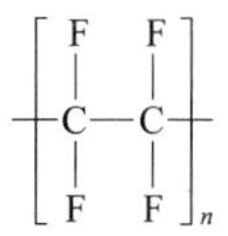

$$\left[\begin{array}{cc} F & F \\ | & | \\ -C-C- \\ | & | \\ F & F \end{array} \right]_n$$

图 4-10　聚四氟乙烯结构式

聚四氟乙烯之所以被称为"塑料王"，不仅仅在于它有很好的耐腐蚀性能，而且它还既耐热又耐冷，在 250℃高温至 -195℃低温范围内都可使用！

另外，"塑料王"还有一种其他材料无法比拟的性质，就是由它制成的产品表面非常光滑，所以人们又称它为"世界上最滑的材料"。由于它具有许多优良的性能，因此在现代生活中到处可以感受到"塑料王"的超凡魅力，使这种材料真正显示了其"塑料王"的气魄，给人们的生活带来了很多便利。

1.　聚四氟乙烯的应用

在商场，大家都可以看到商品架上"不粘锅"炊具和"不粘锅"灶具，这种炊具给苦恼于饭后刷锅的人带来了福音，因为在炒菜烧饭时再也不用担心粘锅底了，吃完饭后，只要用水一冲，锅就会干干净净。那么，大家有没有想过这种锅为什么会有这种优点呢？

这就是"塑料王"的功劳了。人们利用它无可比拟的光滑特性，在锅的内表面涂上了一层"塑料王"，使得锅的表面十分光滑，所以食物不会粘在它上面。而且，这层"塑料王"还可以把食物跟铝质隔开，能够避免人体摄入过量的铝呢！

当你使用不粘锅时，一定要感谢化学家、氟树脂之父——罗伊·普朗克特。1936年，他在美国杜邦公司开始研究氟利昂的代用品，他收集了部分四氟乙烯储存于钢瓶中，准备第二天进行下一步的实验，可是当第二天打开钢瓶减压阀后，却没有气体溢出，以为是漏气了，可是将钢瓶称量时，发现钢瓶并没有减重。他锯开了钢瓶，发现了里面有大量的白色粉末。普朗克特对这些神秘的化学物质非常感兴趣，又开始重新做实验。最终这种新物质被证实是一种奇特的润滑剂，熔点极高，非常适合使用在军用设备上，这就是聚四氟乙烯。杜邦公司在1941年取得其专利，并于1944年以"Teflon"（特氟龙）的名称注册商标。

1954年，法国工程师马克·格雷瓜尔的妻子柯莱特突发奇想，觉得丈夫用来涂在钓鱼线上防止打结的不粘材料特氟龙如果可以用在煎锅上，效果一定不错，"不粘锅"由此诞生。

2.　不粘锅有没有毒性呢？

聚四氟乙烯涂膜具有优良的耐热和耐低温特性。短时间可耐高温到300℃，一般在240～260℃之间可连续使用，具有显著的热稳定性。它可以在冷冻温度下工作而不脆化，在高温下不熔化。

烹饪时最高温度不会超过180℃，因此不粘锅的涂层一般还是保持稳定的，而在涂层完好无损的情况下，不粘锅没有毒性，可以放心使用。

3.　不粘锅使用注意事项

（1）不粘锅不宜制作酸性食品

不粘锅为何不宜制作酸性食品？聚四氟乙烯有一个先天缺陷，就是它的结合强度不高，不粘锅不是完全覆盖聚四氟乙烯涂层，总有些部位裸露着金属表面。酸性物质容易腐蚀金属机体，机体一旦被腐蚀就会膨胀，从而把涂层胀开，导致涂层大面积脱落。卫生部的有关标准就是根据这个原理制定的。

（2）使用温度要限制在250℃以下

国家标准规定，以聚四氟乙烯为主要原料，配以一定助剂组成聚四氟乙烯涂料，涂覆于铝材、铁板等金属表面，经高温烧结，作为接触非酸性食品容器的防粘涂料，使用温度限制在250℃以下。所以一般不能干烧。

（3）不要用铁锅铲，警惕破损

不能使用铁质的铲子，否则"不粘膜"铲破以后易脱落。

4.6　塑料瓶底的秘密

我们平时无论是用餐盒吃饭，还是喝瓶装饮料，看到塑料瓶底的三角形了吗？注意到里面的数字了吗？它和我们的生活有着怎么样的联系？让我们一起去了解一下塑料瓶底下的秘密……

塑料瓶底三角标志内的"数字"代表什么？

塑料容器都有一个小小"身份证"——塑料瓶的底部一般印有由三个箭头组成的三角形，并标注1～7不同的数字（图4-11）。我国采用三角形符号作为塑料回收标志，三角形里边的数字代表不同的材料。由于标注回收标志是非强制性的，所以市面上仍有部分塑料瓶没有"身份证"。

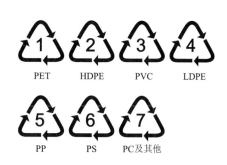

图4-11　塑料瓶底三角形内的数字

1.　PET（聚对苯二甲酸乙二酯）

一般的矿泉水、碳酸饮料和功能饮料瓶都用这一材质，耐热至70℃，只适合装暖饮或冻饮，高温易变形，有对人体有害的物质析出。用完应及时回收，1号塑料制品用了10个月后，可能释放出致癌物，不能长期使用！放在车里的矿泉水或者在车里经过暴晒的矿泉水不要喝，不要装酒、油等物质。

2. HDPE（高密度聚乙烯）

常见白色药瓶、清洁用品、沐浴产品。这些容器通常不好清洗，残留原有的清洁用品，会变成细菌的温床，不要循环使用。不要再用来作为水杯，或者用来做储物容器装其他物品。

3. PVC（聚氯乙烯）

常见雨衣、建材、塑料膜、塑料盒等。只能耐热81℃，高温时容易产生有害的物质，甚至在制造的过程中它都会释放，有毒物随食物进入人体后，可能诱发癌症、新生儿先天缺陷等疾病。如果在使用，千万不要让它受热。很少被用于食品包装，若装饮品不要购买。

4. LDPE（低密度聚乙烯）

LDPE在生活中有时会简称为PE，如常见保鲜膜、塑料膜等。耐热性不强，通常合格的LDPE保鲜膜在遇温度超过110℃时会出现热熔现象，会留下一些人体无法分解的塑料制剂，并且用保鲜膜包裹食物加热，食物中的油脂很容易将保鲜膜中的有害物质溶解出来。

这里特别强调一点：保鲜膜别进微波炉。

5. PP（聚丙烯）

常见于豆浆瓶、果汁饮料瓶、微波炉餐盒。熔点约167℃，是唯一可以放进微波炉的塑料盒，可在小心清洁后重复使用。有些微波炉餐盒，盒体以5号PP制造，但盒盖却以6号PS（聚苯乙烯）制造，PS透明度好，但不耐高温，故不能与盒体一并放进微波炉。

6. PS（聚苯乙烯）

常见碗装泡面盒、快餐盒。方便面不能用微波炉加热哦！以免因温度过高而释出有害化学物。装酸性（如橙汁）、碱性物质后，可能会分解出致癌物质。避免用快餐盒打包滚烫的食物。

7.　PC及其他

聚碳酸酯（PC）等其他所有未列出的树脂和混合料。常见水壶、太空杯、奶瓶。PC材料中含有有毒的物质双酚A而备受争议。因此，在使用此塑料容器时要格外注意，尽量不要用来盛装开水，不要加热，不要在阳光下暴晒。

健康小贴士

双酚A，也称BPA，用来生产防碎塑料。BPA无处不在，从矿泉水瓶、医疗器械到食品包装的内里，都有它的身影。但BPA也能导致内分泌失调，威胁着胎儿和儿童的健康。癌症和新陈代谢紊乱导致的肥胖也被认为与此有关。我国从2011年6月1日起，禁止生产含化学物质双酚A（BPA）的婴儿奶瓶。

提醒

① 瓶底没有任何数字标记的塑料瓶，请千万留神，尽量避免购买或使用。

标有数字1、2、4、5的塑料产品，是相对安全的；而数字3代表使用的材质是聚氯乙烯，如果装饮料千万别购买。

② 塑料制品有两大特点：一怕油，二怕高温。

油在高温下易析出塑料中的有害物质，带来健康危害。用塑料制品盛放醋等调味品也不健康，因为酸性液体也容易将塑料里的有害物质溶出。用塑料饮料瓶装热水更是错上加错，食品级的塑料饮料瓶不能耐高温，需在低温使用。

特别是许多老年人，认为塑料瓶扔了可惜，习惯再次利用，并且认为塑料瓶清洗干净后就很安全。其实，这样的生活习惯往往藏着许多健康隐患。

③ 塑料瓶不能长期用。购买调味瓶、调味罐，请选购玻璃材质的。喝水，常用瓷杯或玻璃杯，尽量不要用饮料瓶来盛装热水。

使用塑料制品时特别要注意，不宜长期接触醋和清洁剂等，避免阳光直射和高温等，以免发生化学反应。

超市常用材质"语焉不详"的水杯当赠品，请小心使用。

选购塑料餐具时，也请尽量挑那些无色无味、表面光洁且少印花图案的PP或PE材质。

生活小常识

① 保鲜膜有标志为3号PVC和4号LDPE的两种，虽然4号LDPE透明度和拉伸性都不如3号PVC，但标志为4号LDPE更安全；

② 选用食品袋时，最好用标有"食品用"或"QS"的2号HDPE塑料袋包装食物；选用塑料水杯时最好是5号PP水杯；

③ 选用奶瓶，可以是5号PP奶瓶。

下面我们再来说一说塑料瓶盖。

热饮杯盖致癌吗？

热饮杯盖的材料是聚苯乙烯，受热后会释放出苯乙烯单体。国际癌症研究中心将苯乙烯列为2B类致癌物，即对人体致癌可能性较低的物质或混合物，在动物实验中发现的致癌性证据尚不充分。

除了材料编号以外，杯盖的颜色也有讲究，不要选择黑色的杯盖哦！黑色是塑料加工最后一个颜色，有些黑色塑料都是用车间里边角料制作的，也有可能是废旧塑料，所以建议最好不要选黑色，就是塑料袋也不要选择黑色。

如果你仍担心塑料产品在高温下会带给人体伤害，那么建议最好别用它装高温液体，改用陶瓷、钢、玻璃等其他材料的容器来盛装，这样不仅可减少对人体的伤害，还能因减少使用石油化学产品，让环境更美好。

4.7　从乒乓球说开去

乒乓球大家不陌生吧？可是你知道它是什么材料制作的吗？为什么国际乒联要使用新的球呢？

1.　第一种塑料的出现

19世纪，台球在美国已非常盛行，那时的台球是用象牙做的（如今看来是残忍且非法的）。美国几乎没有象牙来制作台球，这可愁坏了台球制造厂的老板。于是，他们在各大报纸上刊登广告，悬赏1万美金征集方案。消息轰动了整个美国，许多人跃跃欲试。这在当时可不是一笔小数目。

1868 年，在美国阿尔邦尼这个地方有一位叫约翰·海厄特的人，他本是一位印刷工人，但对台球也很感兴趣，于是他决定发明出一种代替象牙制作台球的材料。他夜以继日地冥思苦想。开始他在木屑里加上天然树脂虫胶，使木屑结成块并搓成球，样子倒像象牙台球，但一碰就碎。以后又不知试了多少东西，但都没有找到一种又硬又不易碎的材料。

一天，他发现做火药的原料硝化纤维在酒精中溶解后，再将其涂在物体上，干燥后能形成透明而结实的膜。他就想把这种膜凝结起来做成球，但在试验时一次又一次地失败了。

终于在 1869 年发现，当在硝化纤维中加进樟脑时，硝化纤维竟变成了一种柔韧性相当好的又硬又不脆的材料。他将这种物质搓成一个圆球，待圆球冷却变硬后往地下一丢，竟然弹得老高。这一小跳是人类历史的一大跳。

这种用樟脑增塑的硝酸纤维素就是人类发明的第一种合成塑料，称为赛璐珞。

硝化纤维的分子量：459.28 ～ 594.28。熔点：160 ～ 170℃。密度：1.66g/cm^3。危险标记：8（易燃固体）。含氮量高的俗称火棉，用以制造无烟火药；含氮量低的俗称胶棉，用以制造喷漆、人造革、胶片、塑料等。

1872 年，约翰·海厄特在美国纽瓦克建立了一个生产赛璐珞的工厂，除用来生产台球外，还用来做马车和汽车的风挡及电影胶片。1877 年，英国也开始用赛璐珞生产假象牙和台球等塑料制品。后来海厄特又用赛璐珞制造箱子、纽扣、直尺、乒乓球和眼镜架。从此开创了塑料工业的先河。

赛璐珞极易燃烧，而且燃烧时会释放大量的刺激性有毒气体。且产品在运输中因必须保持低温而增加了成本。由于遇到明火、高热极易燃烧，乘坐飞机时就不允许携带赛璐珞球。另外，在生产过程中会产生毒性粉尘，会像石棉一样诱发肺癌，对工人的身体健康危害很大。

2.　醋酸纤维素制造的乒乓球

从 2008 年开始，国际乒联与中国两家龙头乒乓球器材生产商上海红双喜以及广州双鱼探讨，是否能够研发出取代赛璐珞的新型乒乓球原材料。经过3年的努力，新球终于在2011年被初步研发成功。

2014年5月9日，以绿色环保的醋酸纤维素为新材料制成的乒乓球在全球首度公开发售，这意味着在过去一百多年一直被用以制造乒乓球的易燃材料赛璐珞将被迫逐渐退出历史舞台。

我们说的新乒乓球，其实是制造乒乓球的材料更新了，即用醋酸纤维素替代赛璐珞。新材料最大的优点是不会自燃。

3. 醋酸纤维的应用

（1）服装

醋酸纤维已广泛地用来做服装里子料、休闲装、睡衣、内衣等，还可以与维纶、涤纶、锦纶长丝及真丝等复合制成复合丝，织造各种时装、礼服、高档运动服及西服面料。

（2）卷烟过滤材料

醋酸纤维做卷烟过滤嘴材料，弹性好、无毒、无味、热稳定性好、吸阻小、截滤效果显著、能选择性地吸附卷烟中的有害成分，同时又保留了一定的烟碱，自从1953年投入市场以来，深受欢迎，市场前景较好。

（3）医疗卫生用品和塑料制品

醋酸短纤制成的无纺布可以用于外科手术包扎，与伤口不粘连，是高级医疗卫生材料，还可以用于制作眼镜镜框、高级工具手柄等。

4.8 改变世界的合成纤维——尼龙

1935年，美国杜邦公司的华莱士·卡罗瑟斯领导的研究组首次合成出了尼龙。尼龙是世界上第一种获得商业成功的化学纤维。如今，它已经出现在人类生活的方方面面中。除了丝袜，你还能在身边找到什么尼龙制品？在日常生活中尼龙制品比比皆是，但是知道它历史的人就很少了。

1.　尼龙的诞生记

20世纪初，企业界搞基础科学研究还被认为是一种不可思议的事情。1926年，美国最大的工业公司——杜邦公司的董事斯蒂恩出于对基础科学的兴趣，建议该公司开展有关发现新的科学事实的基础研究。1927年，该公司决定每年支付25万美元作为研究费用，并开始聘请化学研究人员，到1928年，杜邦公司成立了基础化学研究所，年仅32岁的卡罗瑟斯（Wallace H. Carothers，1896—1937）博士受聘担任该所有机化学部的负责人。

卡罗瑟斯的想法是做一个高聚物纤维，它的面料熔点必须高到足以经受住正常使用，同时还需要低到足以进行处理和批量纺织。一开始卡罗瑟斯选择了二元醇与二元羧酸的反应，想通过这一被人熟知的反应来了解有机分子的结构及其性质间的关系。在进行缩聚反应的实验中，得到了分子量约为5000的聚酯分子。为了进一步提高聚合度，卡罗瑟斯改进了高真空蒸馏器并严格控制反应的配比使反应进行得很完全，在不到两年的时间里使聚合物的分子量达到10000 ～ 20000。

1930年，卡罗瑟斯用乙二醇和癸二酸缩合制取聚酯，卡罗瑟斯的同事希尔在从反应器中取出熔融的聚酯时发现了一种有趣的现象：这种熔融的聚合物能像棉花糖那样抽出丝来，而这种纤维状的细丝即使冷却后还能继续拉伸，拉伸长度可以达到原来的几倍，经过冷拉伸后纤维的强度和弹性大大增加。这种奇特现象使他们预感到这种特性可能具有重大应用价值，有可能用熔融的聚合物来纺制纤维。然而，继续研究表明，从聚酯得到纤维只具有理论上的意义。因为高聚酯在100℃以下即熔化，特别易溶于各种有机溶剂，只是在水中还稍微稳定些。因此不适合用于纺织。随后，卡罗瑟斯和他的助手专注于寻找新的材料。1934年5月，化学家唐·科夫曼制得了第一个超聚酰胺。两个月后，化学家韦斯利·彼得森做出了以蓖麻油为原料的聚酰胺，但蓖麻油并没有足够大的量能被用作原料。卡罗瑟斯又对这一系列的聚酯和聚酰胺类化合物进行了深入的研究。经过多方对比，他在1935年2月28日首次由己二胺和己二酸合成出聚酰胺66（第一个6表示二胺中的碳原子数，第二个6表示二酸中的碳原子数）。这种聚酰胺不溶于普通溶剂，熔点约为263℃，高于通常使用的熨烫温度，拉制的纤维具有丝的外观和光泽，在结构和性质上也接近天然丝，它的耐磨性和强度超过当时任何一种纤维。从其性质和制造成本综合考虑，在已知聚酰胺中它是最佳选择。接着，杜邦公司又解决了生产聚酰胺66原料的工业来源问题，1938年10月27日正式宣布世界上第一种合成纤维诞生了，并将聚酰胺66这种合成纤维命名为尼龙（nylon）。尼龙后来在英语中成了"从煤、空气、水或者其他物质合成的，具有耐磨性和柔韧性，类似蛋白质化学结构的所有聚酰胺的总称"。

2. 尼龙的处女作——丝袜

尼龙的出现使纺织品的面貌焕然一新，它的合成是合成纤维工业的重大突破，同时也是高分子化学的一个重要里程碑。用这种纤维织成的尼龙丝袜既透明又比传统丝袜耐穿，1939年10月24日，杜邦在总部所在地公开销售尼龙丝长袜时引起了哄抢，被视为珍奇之物，大家争相抢购。很多女性因为买不到丝袜，只好用笔在她们腿上绘出纹路，冒充丝袜。人们曾用"像蛛丝一样细，像钢丝一样强，像绢丝一样美"的词句来赞誉这种纤维。到1940年5月，尼龙纤维织品的销售遍及美国各地。当年，随后剩下的7个月时间，杜邦公司更是赚得了300万美元，足以覆盖尼龙项目的整个研发预算。

第二次世界大战期间，尼龙工业被转向制作降落伞、飞机轮胎帘子布、军服等军工产品。美国陆军收购了全部的尼龙产品，用以制造百余种军事装备。

由于尼龙的特性和广泛用途，第二次世界大战过后发展非常迅速，尼龙的各种产品从丝袜、衣服到地毯、绳索、渔网等，以难以计数的方式出现。

3. 汽车市场的应用

尼龙是偶然机遇下创造出来的非凡产品，而尼龙材料作为模塑树脂材料也被发现在汽车市场拥有重要的市场地位。

尼龙是梦幻般的汽车用材料：尼龙定位于树脂与工程树脂之间，经过多年的发展，它可以比以前处理更高的温度。因为当增加树脂玻璃耐热性的同时，也提高了它的强度。其实早在1941年，尼龙就已经被用作成型树脂。这些应用包括阀杆、接线夹和挡风玻璃刮水器系统。最显著的一个汽车应用是1956年，法国汽车制造商雪铁龙用尼龙制作塑料散热器风扇。

而近年来，随着尼龙聚合、改性和加工成型技术的发展，尼龙材料在汽车工业中的应用领域日益广泛。多品种、高性能、专用化是当前尼龙工程塑料在汽车工业中应用研究的重点。

尼龙产业在国民经济社会发展中占据着重要地位。未来尼龙仍将继续在相关产业飞速发展，加快工程塑料高性能化进程。

4.9　医用植入材料新宠儿——PEEK

众所周知，人体对植入材料的要求很高。在之前，钛合金一直是医学植入材料的首选，现在，随着材料科学的迅速发展，高分子材料在医学领域的应用越来越广泛、用量越来越大。而PEEK凭借其自身的优异特性在众多医用材料中脱颖而出，作为一种新型医用植入材料，越来越多地应用于牙科、人工脊椎等多个领域。

PEEK是什么？在生物医学方面又具备了什么样优秀的性能，才使得它能够在众多的医学材料中脱颖而出呢？

聚醚醚酮，英文poly(ether-ether-ketone)，简称PEEK，是在主链结构中含有一个酮键和两个醚键的重复单元所构成的高聚物，属特种高分子材料，是20世纪70年代末研究开发成功的一种新型半晶态芳香族热塑性工程材料，由4,4'-二氟二苯甲酮、对苯二酚和碳酸钾为原料，以二苯砜为溶剂合成制得。

1. PEEK具有哪些优异的性能呢？

（1）PEEK具有优良的生物相容性

生物相容性就是衡量一种材料是否适合人体植入的最基本要素，材料必须无细胞毒性、诱变性、致癌性，且不引发过敏。

植入级PEEK严格按照ISO 10993的要求，进行了完整的生物相容性测试。结果表明，植入级PEEK具有优异的生物相容性，没有任何副作用。

（2）弹性模量——无应力屏蔽，周围骨骼更健康

著名的沃尔夫定律指出：骨在需要的地方就生长，不需要的地方就吸收。即骨的生长、吸收、重建都与骨的受力状态有关。因为金属的弹性模量要大大的超出骨骼，所以当金属被植入人体时承担了大部分的机械负荷，骨承受的负荷减小，形成了应力遮蔽效应，后果就是延迟骨的愈合，长此以往，骨骼变得疏松，甚至退化。相反，PEEK的弹性模量与骨骼非常接近，骨骼所受的应力并不完全由植入体承担，不存在所谓的应力屏蔽现象（图4-12），使周围的骨骼更健康。

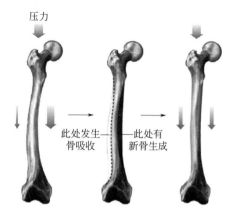

图4-12　PEEK无应力屏蔽现象

（3）可视性——术后跟踪观察更方便

想必大家体检时应该都做过胸部X线检查，进行这类项目的时候，大家都要把衣物中的金属制品拿出来，否则会影响医生观察，这是因为金属不具有X线穿透性，而PEEK则具有X线穿透性，有良好的可视性。X线片无伪影，可以实现在CT扫描或核磁共振成像辅助下进行手术，帮助医生在手术过程中调整植入体的位置，术后轻松跟踪愈合过程，对骨生长和愈合进行有效监控。

2.　PEEK的应用

（1）在人体植入的应用

人体内口腔环境复杂，不仅有各种分泌液，还有食物残渣等残留。而PEEK因其优异的化学稳定性和可耐受绝大多数化学试剂腐蚀的性能，越来越多地被应用于口腔医学领域。主要应用于口腔种植牙的配件，例如临时基台、愈合帽、愈合基台等。与常用的金属、氧化锆和氧化铝等材料相比，PEEK无需烧结、更加精确；密度低、重量轻、佩戴舒适，质地柔和、对咬合起到减振作用，且PEEK

材料不会释放出金属或单体等与人体不相容的物质，避免牙龈过敏和着色。另外，改性后的PEEK能发出自然的白色光泽、美观耐用。

（2）颅骨修复（图4-13）

为了能更好地让患者恢复颅骨的完整性，有效保护脑组织，神经外科的研究人员一直在寻找一种与颅骨更为相近的修补材料。研究发现，PEEK是目前性能最接近人体骨骼的临床颅骨修补材料。与常用的钛合金相比，PEEK的物理性能接近人体骨骼，质地坚固，不会出现受力凹陷的风险；隔热性好，能避免冬冷夏热。钛合金材料虽然传热性好，但对于患者来说，这却是个缺点。当患者受到外界冷热温差的影响时，颅腔环境出现了变化，会影响舒适感。例如，冬季时患者从温暖的室内来到寒冷的室外，钛制颅骨板优异的导热性会使患者感到疼痛和不适。而PEEK隔热性好，避免了钛合金网片冬冷夏热的尴尬状况。PEEK摒弃了有机玻璃、骨水泥、钛合金等常规颅骨修补材料排异反应强、塑形效果差、隔热效果差、舒适性差、术后X线透性差等缺陷，避免了温差引起的不适感；利用3D打印技术成型，嵌入后严丝合缝，外形完美，具有良好的组织相容性；力学性能接近人骨。可以预见，这种新型材料将是颅骨修补术的首选材料。

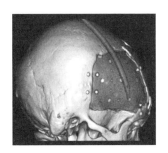

图4-13　PEEK用于颅骨修补术

（3）脊柱修复（图4-14）

近年来，我国腰椎、颈椎疾病发病率逐年升高，且趋于年轻化。如果患者有脊柱退行性病变，医生会建议取出病变的椎间盘，然后植入被称为"椎间融合器"的修复体替代。目前，国内常见的椎间融合器主要为钛合金融合器和PEEK融合器。由于钛合金的弹性模量较高，术后更容易出现由于应力遮蔽而引起融合的延迟，近年来正逐渐被PEEK融合器取代。PEEK材料制成的椎间融合器能够兼容X线拍照和核磁共振成像，且弹性模量低，可避免自体移植物的并发症以及同种异体移植物的缺陷。

图4-14　PEEK用于脊柱修复

（4）骨折治疗（图4-15）

1895年，人类第一次将金属薄板应用于骨折内固定，但会出现易腐蚀的问题，尽管后来不锈钢的出现解决了该问题，随之出现的应力遮蔽效应也引起了广泛关注。高弹性模量的金属骨板遮挡了所必需的外界应力，在没有足够应力的刺激下形成的骨骼质地疏松、性能变差。当拆除固定骨板后，愈合的部位承受负重时不能适应周围应力环境的变化，就会容易发生再次断裂。PEEK则表现出更好的弯曲疲劳强度，并且不受预处理和热成型的影响，组织相容性好，使固定板能更加准确地贴合到患者的骨组织中。PEEK缝线铆钉在运动医学上得到了广泛的应用，主要用于治疗肩袖损伤、韧带撕裂或其他关节内损伤。传统的金属铆钉易出现松动、脱落和软骨损伤等并发症，且高强度缝线的出现，增加了缝线铆钉结合处的负荷，从而增加了结合处切割的风险。PEEK缝线铆钉可以避免这些问题的产生。

图4-15　PEEK用于骨折治疗

4.10　"铁瓷铜牙"——美丽健康从牙齿开始

有一种经历叫：一进牙科诊所，就感觉钱包被掏空。为什么补牙这么贵？这钱到底花得值不值？价目表上各种类型的材料，我们又该如何选择呢？

1. 假牙常用的种类

假牙一般分为种植牙、活动假牙、固定假牙（也叫烤瓷桥）三种（图4-16）。

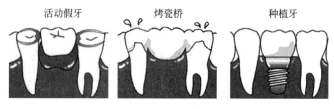

图4-16　三种常用的假牙

（1）种植牙（图4-17）

它指的是在牙齿脱落的地方，将一颗人工牙种植在牙槽骨，然后再根据之前脱落牙齿的形状，制造一个牙齿模型，并将这个牙齿模型镶在口腔内。

种植牙并不能顾名思义，很多患者以为种植牙像种树一样，埋下一颗种子，来年便会长出一颗好牙，并不是这样子的！

种植牙指的是在缺牙区的牙槽骨内植入一颗种植钉（一般为生物相容性较好的材料，常用的有钛等），等待种植钉与周围牙槽骨形成紧密结合后（一般需要3～4个月，甚至更久），再在种植体上面镶牙，整个过程就完成了。当然，也有即刻种植的情况，这都要取决于医生对具体情况的评估。

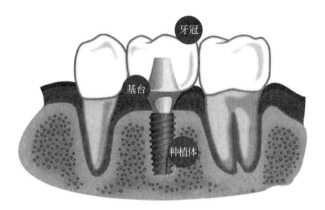

图4-17　种植牙

种植牙的优点就是自然美观，它是假牙，但又不像假牙，它的样子与天然牙没有什么区别。另外，种植牙的咀嚼功能比较强，使用期限也很久。

不过，种植牙虽好，但也有不好的一面：种植牙的价格一般比较贵，而且时间跨度比较长，一般要经过6个月才能种植完成。

（2）活动假牙（图4-18）

它是一种可以自行摘除或戴上的假牙，活动假牙包括全口假牙和局部假牙。活动假牙一般由2个部分组成，分别是假牙盒和金属钩。其中，金属钩的作用是钩住剩余牙齿以使假牙固定在口腔内。

图4-18　活动假牙

活动假牙的优点就是可以将它自由摘除下来进行清洗，价格便宜，也比较实用。缺点就是假牙的体积较大，戴上之后，常常会感觉口腔存在异物感，造成说话困难，严重时还会出现恶心、呕吐的症状。

（3）固定假牙（烤瓷桥）

如果说活动假牙是"活牙"，那么，"死牙"就非固定假牙莫属了。因为活动假牙可以自由摘除，而固定假牙就是将牙齿固定在口腔内。

固定假牙的镶嵌，类似于"搭桥"（图4-19）：在固定假牙的镶嵌措施里，首先要将脱落牙齿两侧的牙齿做些修改和固定，然后再将假牙固定在脱落处，最后再用钢套等将这几个牙齿稳定住，以达到牢固的目的。

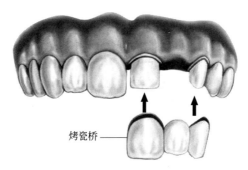

图4-19   固定假牙的搭桥镶嵌

与种植牙一样，固定假牙的优点是自然美观，咀嚼能力强。然而，固定假牙只适用于脱落1～2颗牙齿的人，而且做固定假牙镶嵌，必须要求脱落牙齿两侧的牙齿排列整齐，需磨除缺牙两侧的健康牙。缺一颗牙需要磨两颗健康牙，才能修复缺牙，会对健康牙产生一定伤害，且处于坚固状态，这就导致了许多牙齿缺失者不能做固定假牙的镶嵌。

2. 假牙常用的材料

那么做假牙都需要什么材料呢？

我们都知道种植牙的原理是将人工牙根（种植体）植入牙槽骨，再在其上安装人工牙冠，由于种植体深入牙槽骨，并与牙槽骨紧密结合，像真牙一样扎根在口腔里，所以其功能、美观、舒适度都高于传统假牙。图4-20是种植牙与天然牙的对比。

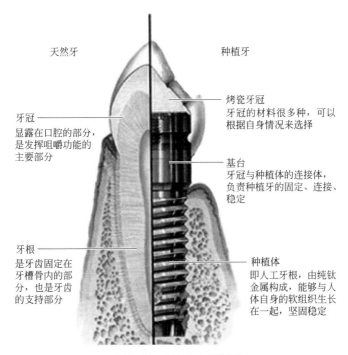

图4-20　种植牙与天然牙

　　但是，种植入牙槽骨内的种植体材料是什么呢？牙冠材料又常用什么呢？相信这是很多准备做种植牙的人的疑问。其实种植牙和固定牙的牙冠材料一般都是一样的。

　　几种常见固定种植牙材料：

　　① 金属与合金材料类。金属材料在制作假牙方面的应用很广泛，已成为镶牙用的基本材料之一。常用的制作假牙用的金属材料有：

　　a.钴铬合金。为高熔合金，化学性能稳定，表面经高度磨光，在口腔内不会引起化学变化。它具有较强的抗腐蚀性，强度较高、有一定弹性，硬度超过牙釉质，需用特殊的设备打磨、抛光。主要应用于铸造假牙支架和牙冠。

　　b.镍铬合金。属高熔合金，化学性能稳定，有一定的力学强度和良好塑性，加工性能好，合金韧性较大。适宜铸造固定假牙、人造冠或活动假牙支架。

　　c.金合金。是以金为主要成分的合金，化学稳定性好，韧性强、延展性好、收缩小、抗腐蚀性强，是一种较理想的铸造合金。主要用于制作固定假牙。由于价格昂贵，应用范围受到限制。

② 陶瓷材料类。包括生物惰性陶瓷、生物活性陶瓷、生物降解性陶瓷等，如羟基磷灰石类、氧化铝陶瓷、玻璃陶瓷等。

③ 碳素材料类。包括玻璃碳、低温各向同性碳等。

④ 高分子材料类。包括丙烯酸酯类、聚四氟乙烯类、聚砜类、PEEK等。

⑤ 复合材料类。即上述的2种或2种以上材料的复合，如金属表面喷涂陶瓷等。

做完根管治疗后，牙体的正常组织会有所缺失，所以需要进行桩和冠的修复。那么对于固定假牙修复中常见的桩、冠一般如何选择呢？目前牙种植体常用的材料金属类主要是纯钛及钛合金，陶瓷类有生物活性陶瓷以及一些复合材料。

牙体作为牙冠的地基，是否需要打桩，是该选择金属桩还是纤维桩？这都是需要慎重考虑的事情。金属桩虽然物理强度高，而且通过铸造工艺与牙根更加契合，但是其弹性模量远远高于自然牙根，根折风险高。玻璃纤维桩颜色与牙齿更接近，美观性能更佳，而且其弹性模量与牙齿更接近，不易根折，其修复的远期成功率要比金属桩更高。所以，在牙体条件满足纤维桩修复的适应证的时候，尽可能选择纤维桩修复。

牙冠材料一般选择陶瓷材料。全瓷牙，又称全瓷冠，是覆盖全部牙冠表面，且不含金属内冠的瓷修复体。金属修复材料的稳定性和抗摩擦性能较小，容易被酸碱腐蚀，会影响使用寿命和效果。相比之下，陶瓷修复材料的化学性能和表面结构比金属有更大的优势，但是其受温度影响较大，容易发生崩瓷。

牙冠的耐摩擦性还跟我们自身咀嚼力的大小和接触面积有关，比如运动员因长期紧咬牙，比常人更容易发生牙冠磨损和崩瓷等修复失败，不过，随着二氧化锆全瓷系统的发展，全瓷冠解决了原先强度不足的缺陷。目前多种氧化锆材料已经达到了1000MPa，远远超过了300MPa才能够用于制作修复体的基本标准。而且二氧化锆陶瓷材料的生物相容性较好，具有较高的硬度、强度和抗疲劳性，也可以解决金属成分的腐蚀、变色和过敏的问题。

还有一种就是烤瓷熔附金属冠，是金属和瓷的结合体，兼有了金属强度高、耐磨损和陶瓷美观、生物相容性好的优点。但是由于金属与瓷的结合不良常常会导致修复体崩瓷而失败，也存在金属过敏或者金属渗透到牙龈影响美观的问题。

活动假牙（义齿）又该怎么选呢？

经不起种牙的折腾，牙列缺损或牙列缺失的人们还可以选择活动假牙。然而这依然是个选择题，因为活动假牙也有很多材料选项。通常基托会采用甲基丙烯酸甲酯的树脂材料，金属支架往往采用钴铬合金、纯钛等。

① 塑料牙（也就是树脂材料活动牙）。塑料牙有不易脱落、韧性强、不易折断的特性，可任意磨改以适应不同缺牙间隙。但硬度差、易磨损、咀嚼效能也较差。目前临床已广泛采用的硬质塑料（树脂）牙，其耐磨性能较一般塑料牙更好。

② 瓷活动牙。瓷牙硬度大、质地致密、不易磨损、咀嚼效率高、光泽好、不易污染变色。但其脆性较大、易折裂、不能任意或过多地磨改，所以适用于缺隙较大及多个后牙连续缺失，龈距离（牙咬合面至牙龈间的距离）大、缺牙区牙槽嵴丰满、对牙牙周健康者。

③ 金属舌面牙。是指人工牙后牙的面及前牙的舌面部分，用不同金属铸造或锤造制成，利用金属固位装置与塑料牙连接。由于金属硬度大，故能承受较大咬合力，不易破裂及磨损，但难于磨改。金属舌面牙适用于对牙伸长或因邻牙向缺牙区倾斜、移位导致的缺牙间隙过小、龈距离过低者。

此外，临床上还采用各种手段来改良假牙性能，如在塑料牙内埋金属片，以增加假牙的耐磨性。也有用铸造金属网状加强物埋入塑料牙，以防咬裂。

④ 金属活动牙。为防止人工牙的纵折，对于过小缺牙间隙或过低龈距离者，常用的材质为纯钛金属和钛合金支架铸造金属牙或金属牙与支托及卡环做整体铸造，达到美观耐用的目的。

活动假牙修复对日常护理方面的要求比较高：佩戴活动假牙不仅要有足够的耐心适应这个过程，还要每天对假牙进行清洁和护理，这个过程可不能随随便便糊弄了事，因为这关系到假牙的使用寿命，比如用碱性的假牙清洁片浸泡清洁假牙，不会破坏假牙表面结构，可以让假牙用得更久一些。

口腔材料种类多，懂点门道不吃亏。希望本节内容能够帮助你了解各种牙科修复材料。

4.11　那些年我们不曾了解的有机玻璃

人们总是觉得一样东西加上"有机"两个字就显得格外优质，如有机蔬菜、有机化肥等等，其实我们日常经常接触到却往往很少留意的还有一样——有机玻璃。

或许有人现在会回想我们生活中都有哪些物品是有机玻璃，也想不出个究竟。如果笔者告诉大家亚克力就是有机玻璃，估计大家就明白了。

有机玻璃是一种通俗的叫法，它的化学名称叫聚甲基丙烯酸甲酯，简称PMMA，是由甲基丙烯酸甲酯聚合而成的高分子化合物。看名称可能会以为它是玻璃的一种分类，事实上有机玻璃是一种重要的热塑性塑料，并非玻璃。同样地，亚克力这一名称也造成了很多误解，如亚克力纤维、亚克力棉、亚克力纱、亚克力尼龙这些产品，其实是由丙烯酸聚合而成的人造纤维，与亚克力没有任何关系。

1.　PMMA发展简史

1865年，Frankland和Duppa首次在实验室中合成出甲基丙烯酸酯类单体，人们初步认识了它的基本性能；1910年Otto Röhm第一个试制成功聚甲基丙烯酸甲酯（PMMA），奠定了MMA类单体的应用基础；1927年，德国罗姆-哈斯公司的化学家在两块玻璃之间将丙烯酸酯加热，丙烯酸酯发生聚合反应，生成了黏性的橡胶状夹层，可用作防破碎的安全玻璃。当他们用同样的方法使甲基丙烯酸甲酯聚合时，得到了透明度极其好，其他性能也良好的有机玻璃板，它就是聚甲基丙烯酸甲酯。

1931年，罗姆-哈斯公司建厂生产聚甲基丙烯酸甲酯，首先在飞机行业得到应用，取代了赛璐珞塑料，用作飞机座舱罩和挡风玻璃。

1937年，甲基酸酯工业制造开发成功，由此进入规模性生产。

1948年，世界第一只亚克力浴缸的诞生，意味着亚克力的应用进入了新的里程碑。

有机玻璃有无色透明、有色透明、珠光、压花四种类型。在生产有机玻璃时加入各种染色剂，就可以聚合成为彩色有机玻璃；加入荧光剂（如硫化锌），就可聚合成荧光有机玻璃；如果加入人造珍珠粉（如碱式碳酸铅），则可制得珠光有机玻璃。

2.　PMMA的性能特点

亚克力制品之所以会流行有一定的合理性，因为有机玻璃具有良好的透明性、力学性能、化学稳定性和耐候性等优点，而且质轻、易染色、易于成型、易加工、外观优美，还有一大优势就是廉价。有机玻璃塑料质轻、机械强度高、不易破碎、耐水性及电绝缘性良好；但耐磨性差、表面易发毛、光泽难以保持、易燃烧、易溶于有机溶剂。

3.　PMMA的主要用途

随着亚克力（有机玻璃）制品在生活中的日渐流行，其已经被广泛应用于众多的行业，小到日用品，大到航空应用、海底工程，我们都能够经常见到亚克力材料的身影。

具体的应用领域包括：

① 广告应用：灯箱、招牌、指示牌、展架等。

② 交通应用：火车、汽车等车辆门窗等。

③ 医学应用：婴儿保育箱、各种手术医疗器具。

④ 民用品：卫浴设施、工艺品、化妆品、支架、水族箱等。

⑤ 工业应用：仪器表面板及护盖等。

⑥ 照明应用：日光灯、吊灯、街灯罩等。

⑦ 建筑家居领域：吊顶、集成吊顶、隔断、屏风、移门、透明墙、酒店家具、办公家具、吧台、灯饰、吊灯、标识、标牌、景观等。

亚克力具有水晶般的透明度，透光率在92%以上，与玻璃差不多，透光柔和且视觉清晰，但它不像玻璃那么易碎，即使破坏，也不会像玻璃那样形成锋利的碎片。在灯具的设计上使用亚克力材料（图4-21），配合亚克力多变的造型表面，可以让灯具光线的投射更加迷人和丰富。

亚克力有良好的加工性能，既可用热成型，也可以用机械加工的方式。在设计中使用亚克力材料可以实现更多的形态。

图4-21　亚克力灯具

亚克力材料可以用各种颜色着色，颜色均匀，有很好的展色效果。而且它有极佳的耐候性、较高的表面硬度，能够胜任家具制作材料和室内装修。

因为可以用有趣的颜色搭配上透明或者半透明的效果，彩色的亚克力材料大大增加了家居的趣味性。家居用品中最早用亚克力家具是20世纪90年代的欧洲，发展至今，许多场景都可以看到亚克力家具的身影。简洁的造型搭配多色的亚克力板，给人未来感又不失亲切。

亚克力这种现代感十足的材质，因为各种性能都十分优良，能和很多的材质相搭配。

图4-22是半透明的亚克力板与木头材质相搭配。

图4-23是亚克力与天然石材相搭配。

图4-24是亚克力面板和黄铜的搭配。

图4-22 半透明的亚克力板与木头材质相搭配

图4-23 亚克力与天然石材相搭配

图4-24 亚克力面板和黄铜的搭配

近些年来也越来越流行亚克力卫浴洁具，相比传统的陶瓷卫浴，亚克力卫浴的保温性能好、光泽度佳，而且它重量轻、易安装，造型、色彩变化也较丰富。

另外，亚克力可以做成工艺品（图4-25）。

图4-25　亚克力工艺品

普通玻璃的厚度超过15cm后，就会变成翠绿色，并且人隔着玻璃没法看清东西。但是有机玻璃即使有1m厚，人也可以隔着它清晰地看清对面的东西。

我们在海洋馆看到的展缸均采用硬度高、承压高、耐磨的有机玻璃，不仅能模拟海底环境，打造优美逼真的造景，还能保证游人的游览安全。

如果经常乘坐飞机，我们可能会选择靠近舷窗的位置，因为能欣赏到窗外的美景。但客舱的舷窗往往是受压薄弱环节，所以舷窗经常也采用有机玻璃材料，其中外层玻璃是主要构造窗，在飞机飞行期间承担机舱内外压差，中层玻璃是外层玻璃的二次保险，只有在外层玻璃破损时用于保持客舱压力，内层玻璃不承受压力，主要用于防尘。

同时，有机玻璃在医学上还有一个绝妙的用处，那就是制造人工角膜。早期眼科医生用光学玻璃做成镜柱，植入角膜，但并未获得成功。后来，用水晶代替光学玻璃，也只用了半年就失效了。随后眼科医生发现可以用有机玻璃制造人工角膜，它透光性好，化学性质稳定，对人体无毒，容易加工成所需形状，能与人眼长期相容。

第5章

博采众长的
复合材料

5.1　复合材料的前世今生

随着科学技术迅速发展，特别是尖端科学技术的突飞猛进，对材料性能提出了越来越高、越来越严和越来越多的要求。在许多方面，传统的单一材料已不能满足实际需要，现代复合材料应运而生。

1.　古代复合材料的追溯

复合材料的发展历史，可以从用途、构成、功能，以及设计思想和发展研究等，大体上分为古代复合材料和现代复合材料两个阶段。

在西安东郊半坡村仰韶文化遗址，发现早在几千年以前，古代人已经用草茎增强土坯作住房墙体材料。

在金属基复合材料方面，中国也有高超的技艺。如越王剑，是金属包层复合材料制品，不仅光亮锋利，而且韧性和耐蚀性优异，埋藏在潮湿环境中几千年，出土后依然寒光夺目，锋利无比。

5000年以前，中东地区用芦苇增强沥青造船；古埃及修建金字塔，用石灰、火山灰等作黏合剂，混合砂石等作砌料，这是最早最原始的颗粒增强复合材料；如图5-1所示。

图5-1　芦苇增强沥青船（左）和古埃及修建金字塔（右）

但是，上述辉煌的历史遗产，只是人类在与自然界的斗争实践中不断改进而取得的，同时都是取材于天然材料，对复合材料还是处于不自觉的感性认识阶段。

2. 现代复合材料的发展简介

20世纪40年代，玻璃纤维和合成树脂大量商品化生产以后，纤维复合材料发展成为具有工程意义的材料，同时相应地开展了与之有关的研究设计工作。这可以认为是现代复合材料的开始，也是对复合材料进入理性认识的阶段。

早期发展出的现代复合材料，由于性能相对较低，生产量大，使用面广，被称为常用复合材料。常用树脂基复合材料是第一次世界大战前，用胶黏剂将云母片热压制成人造云母板。

后来，随着科学技术的发展，在许多方面，传统的单一材料已不能满足实际需要，在此基础上又发展出性能高的先进复合材料。而目前最先进的复合材料性能虽然优良，但价格相对较高，主要用于国防工业、航空航天、精密机械、深潜器、机器人结构件和高档体育用品等。而在纤维增强塑料工业上的复合材料，是在用合成树脂代替天然树脂、用人造纤维代替天然纤维以后才发展起来的。

现代复合材料发展分为以下3个阶段：

第一阶段，以玻璃纤维为增强材料；

第二阶段，以碳纤维、芳纶纤维为增强材料；

第三阶段，向耐高温、高延伸率、高韧性、多功能和高效率为目标的高性能复合材料发展。

在我国，复合材料发展于1958年，早期主要是为国防工业服务的。现在复合材料产品也已逐步扩展到国民经济的各个领域，如石油、化工、建材、汽车、船舶、煤炭、纺织、机械、电器、环保、农业、渔业、体育器材等部门和领域。

例如，飞机的雷达罩，既要承受气动载荷，又要求能透过雷达波。铝材可以满足强度要求，但不能满足电信要求，陶瓷可以满足电信要求但不能满足强度要求。传统的单一材料已不能满足飞机雷达罩的要求，可以用玻璃纤维复合材料制备飞机的雷达罩。

现在几乎所有正在研制的飞机，无论是大型客机还是战斗机都已大量使用复合材料，其所占结构重量百分比已成为飞机结构设计先进水平的重要标志之一。

3.　复合材料的定义

国际标准化组织为复合材料下的定义：复合材料是由两种或两种以上物理和化学性质不同的物质组合而成的一种多相固体材料。如图5-2所示。

在复合材料中，通常有一相为连续相，称为基体；另一相为分散相，称为增强材料。

分散相是以独立的形态分布在整个连续相中的，两相之间存在着界面。分散相可以是增强纤维，也可以是颗粒状或弥散的填料。

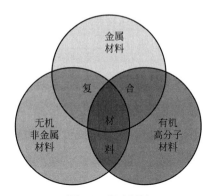

图5-2　复合材料

由于复合材料各组分之间"取长补短""协同作用"，极大地弥补了单一材料的缺点，产生了单一材料所不具备的新性能。这如同人与人的协作，需要彼此尊重、相互包容、合作共赢，才能形成强大的团队。

复合材料综合了各种材料如纤维、树脂、橡胶、金属、陶瓷等的优点，按需要设计、复合成为综合性能优异的新型材料。

4.　复合材料的分类（图5-3）

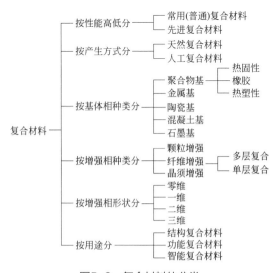

图5-3　复合材料的分类

例如，按基体材料分类：

（1）聚合物基复合材料

以有机聚合物（主要为热固性树脂、热塑性树脂及橡胶）为基体制成的复合材料。

（2）金属基复合材料

以金属为基体制成的复合材料，如铝基复合材料、钛基复合材料等。在汽车制造中，可做方向盘、活塞环、支架。

（3）无机非金属基复合材料

以陶瓷材料（也包括玻璃和水泥）为基体制成的复合材料。例如，飞机发动机组件。

5. 复合材料的特点

① 可综合发挥各种材料的优点，使一种材料具有多种性能，具有天然材料所没有的性能。例如，玻璃纤维增强环氧基复合材料，既具有类似钢材的强度，又具有塑料的介电性能和耐腐蚀性能。

② 可按对材料性能的要求进行材料的设计和制造。例如，针对某种介质耐腐蚀性能的设计等。

③ 可制成所需的任意形状的产品，可避免多次加工工序。例如，可避免金属产品的铸模、切削、磨光等工序。

20世纪70年代以来，开发了一批如碳纤维、碳化硅纤维、芳纶纤维、高密度聚乙烯纤维等高性能增强材料，并使用高性能树脂、金属与陶瓷为基体，制成先进复合材料，是用于飞机、火箭、卫星、飞船等航空航天飞行器的理想材料。

复合材料范围广、产品多，在国防工业和国民经济各部门中都有广泛的应用。

5.2　扫雷艇之父——玻璃钢

扫雷艇，是搜索和排除水雷的舰艇，为了防止本身引爆磁感应水雷，扫雷艇一般都不能用钢壳，而是采用玻璃钢制造船体（图5-4）。

图5-4　玻璃钢扫雷艇

玻璃钢是以玻璃纤维为增强材料，以树脂作基体材料的一种复合材料。

1.　玻璃钢的性能

玻璃钢轻质高强，密度只有钢的 1/4 ～ 1/5，比强度可以与高级合金钢相比。玻璃钢具有良好的耐腐蚀性能，对大气、水和一般浓度的酸、碱、盐以及多种油类和溶剂都有较好的抵抗能力。玻璃钢具有优良的介电性能，微波透过性良好。

玻璃纤维增强树脂基复合材料，相对密度为 1.6 ～ 2.0，比最轻的金属铝还要轻，而比强度比高级合金钢还高，又含有玻璃组分，也具有玻璃那样的色泽、形体、耐腐蚀、电绝缘、隔热等性能，像玻璃那样，"玻璃钢"这个名称由此而来。玻璃钢，是第一代树脂复合材料。1893 年，在美国芝加哥举行的世界博览会上，美国人利比展出了他用玻璃纤维和丝线织成的衣服，首次把这种用玻璃拉成的人造纤维公之于世。但大规模生产玻璃纤维的方法，到 1930 年才研究出来。这种材料耐火、耐腐蚀、易于清洗、不易变形。

制造方法是把玻璃放入炉内加热熔化，使它从炉底的微孔中流出，拉成长丝，然后捻为较粗的股线。玻璃纤维可用于制造防火织物和工业用的过滤器。玻璃纤维还可以制造松软的玻璃棉。玻璃从熔炉流出时，用空气或其他气体把短玻璃丝吹松就制成玻璃棉，可制成隔热材料。

第二次世界大战对玻璃纤维、玻璃钢的发展起了催化剂的作用，许多适应战争需要的玻璃钢产品，如防弹片刺穿的玻璃钢油桶、雷达罩、军用盔甲和扫雷艇，被手糊成型工艺制造出来。玻璃纤维增强塑料可以视为第二次世界大战中发展起来的第一代树脂基复合材料。

2. 玻璃钢的分类

按生产玻璃纤维的原料不同，玻璃纤维可分为无碱玻璃纤维、中碱玻璃纤维、有碱玻璃纤维、特种玻璃纤维。

无碱玻璃纤维是以钙铝硼硅酸盐组成的玻璃纤维，这种纤维强度较高，耐热性优良，能抗大气侵蚀，化学稳定性也好（但不耐酸），最大的特点是电气性能好，因此也把它称作电气玻璃。

中碱玻璃纤维的主要特点是耐酸性好，价格较便宜，但强度不如无碱玻璃纤维高。

3. 玻璃钢的应用

（1）玻璃钢在石油化工工业中的应用

石油化工工业利用玻璃钢的特点，解决了许多工业生产中的关键问题，尤其是耐腐蚀和降低设备维修费等。

利用玻璃钢制备化工生产中的净化塔、冷却塔、耐腐蚀的储槽、管道、阀门、反应设备、管件等（图5-5）。

用玻璃钢制成的风机叶片代替金属叶片，不仅延长使用寿命，而且还大大降低了耗电量。

（2）玻璃钢在建筑业中的应用

建筑业使用玻璃钢，主要是代替钢筋、木材、水泥等。玻璃钢透明瓦

图5-5 玻璃钢在石油化工工业中的应用

可用于工厂采光，街道、植物园、温泉、商亭等的顶棚。

　　还可采用玻璃钢作为雕塑材料（图5-6），著名建筑学家梁思成先生说过："艺术之始，雕塑为先。"自从玻璃钢出现后，由于其具有成型方便、可设计性强、轻质高强以及成本低廉等诸多优点，很快被应用到雕塑艺术中了。玻璃钢雕塑成为广场、商业网点、生活小区及游乐场所的标志物。

图5-6　玻璃钢雕塑

（3）玻璃钢在造船业中的应用

　　用玻璃钢可制造各种船舶，如游艇、交通艇、救生艇、帆船、渔船、扫雷艇等（图5-7）。

图5-7　玻璃钢游艇

玻璃钢渔船在我国已广泛采用，与木船比较有以下优点：

　　① 玻璃钢渔船稳定性好，木船在六级风时就不能出海，玻璃钢渔船可经受八级风浪。

　　② 玻璃钢渔船速度快。

　　③ 玻璃钢渔船维修简便、费用低，维修费只为木船的20% ～ 30%。

④ 玻璃钢渔船使用寿命长，可达20年，为木船的2倍。

（4）玻璃钢在铁路运输上的应用

铁路车辆有许多部件可用玻璃钢制造，如机车的驾驶室、车门、车窗、行李架、车上的盥洗设备等。例如，火车车窗原来采用钢窗，每年都要进行维修，6年就报废了，采用玻璃钢窗框，不再需要维修，寿命可达10年以上，重量可减轻20%。

（5）玻璃钢在汽车制造业中的应用

1953年美国首先用玻璃钢制成汽车的外壳，此后，意大利、法国等许多著名的汽车公司也相继制造玻璃钢外壳的汽车。玻璃钢还可制造汽车上的许多部件，如汽车底盘、车门、车窗、车座、发动机罩等。采用玻璃钢，可降低汽车造价、减轻汽车自重，外观设计美观、保温隔热效果好。

（6）玻璃钢在航空工业中的应用

20世纪40年代初，英国首先利用玻璃钢透波性好的特点，用它来制造飞机上的雷达罩。后来有更多的金属部件被玻璃钢所代替，如飞机的机身、机翼、螺旋桨、起落架、门、窗等。美国波音747客机，有一万多个零部件是由玻璃钢制成的，它减轻了飞机的自重，使飞机飞得高、飞得快、装载能力更大。在波音787"梦想客机"上，玻璃钢和其他复合材料的使用占了总材料重量的50%（图5-8）。我国为波音787"梦想客机"做出了重要贡献，成飞、哈飞、沈飞分别是方向舵、翼身整流罩以及垂直尾翼前缘的全球唯一供应商。

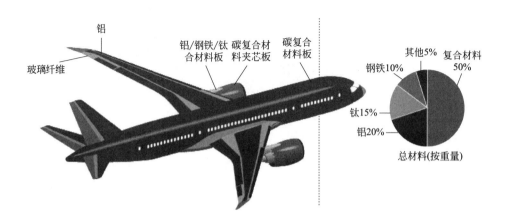

图5-8　复合材料在波音787上的使用

（7）玻璃钢在其他领域中的应用

SMC（片状模塑料）组合式水箱是目前国际上普遍采用的新型水箱，解决了混凝土水箱重量大、易渗漏、易长青苔和钢板水箱的易锈蚀及防锈涂层对水质的污染等问题。

采用玻璃钢可以做轻质高强的钓竿。

采用玻璃钢可做耐腐蚀、价格低廉的垃圾桶（图5-9）。

采用玻璃钢可做颜色鲜艳、造型丰富的玻璃钢椅子（图5-10）。

图5-9　玻璃钢垃圾桶　　　　　　图5-10　玻璃钢椅子

5.3　神奇的碳纤维及其复合材料

1985年7月13日，巴黎当地时间15时，早上还在莫斯科的运动员布勃卡，这时精神抖擞地出现在让-布埃本体育场上。布勃卡21岁，九天前得了个儿子。由于高兴，他没有按教练的保守意图行事，而是提前向自己保持的撑杆跳世界纪录发起新的冲击。一切都是带冒险性的。

布勃卡选择的起跳高度是对手们的最后一个高度：5.70m。场上只有他一个人了。有史以来，布勃卡是头一个从这样一个高度起跳的人。助跑、起跳，一跃而过。接着，他又要求把横杆升到5.92m，可是他没有跳，又要了一个骇人的高度6m，这比世界纪录整整高出6cm。一些人投来怀疑的目光，一位美国选手说，如果布勃卡现在跳过去，他就立即改行去打高尔夫球。结果布勃卡飞身越过了横杆。

其实，布勃卡荣誉的获得至少有一部分要归功于他手中的撑杆，这支撑杆是用当时世界上最先进的碳纤维树脂基复合材料制成的。

轻质高强的特性是材料发展永恒的主题，它是推动社会、经济、科技发展，国防建设和增强国家竞争力的重要基础。在材料的轻质高强化进展中，以碳纤维复合材料为代表的纤维增强复合材料是最成功的典范之一。

到底什么是碳纤维，它是如何制造出来的，又有什么优异的性能呢？

1. 神奇的碳家族成员（图5-11）

碳元素是人类最早接触和利用的元素之一，作为自然界的元老，碳元素用其优异的稳定性和多变的晶体结构不断给人们带来惊喜。

石墨烯、碳纤维、石墨纤维，这些名词的出现无一不伴随着材料界的技术革新。这些"天赋异禀"的材料与小小的碳原子到底有什么关联？

在自然界里，碳以三种不同的形式存在，就是炭、石墨和金刚石。碳有这三种不同存在形式，是由碳原子的排列方式不同引起的，炭是非晶体，石墨是多晶体，而金刚石是单晶体，就是钻石。当然，它们的性能也大不一样。

石墨烯是由一层呈六边形排列的碳原子结构组成，这种蜂窝状结构使得石墨烯具有较高的强度和韧性。

石墨是由这些蜂窝状碳片层晶体有规则层叠形成的。

而碳纤维则是这些碳片层晶体不规则层叠，出现相互交错时形成的。

也就是说，石墨纤维与碳纤维的主要区别在于石墨纤维中的碳片状晶体是有规则层叠的，而碳纤维结构中碳片状晶体的层叠是无规则的，有交错的碳分子结构的变化如图5-11。

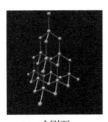 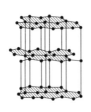 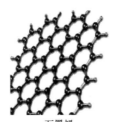 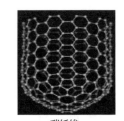

金刚石　　　　　　石墨　　　　　　　石墨烯　　　　　　　碳纤维
正四面体交替连接而成　六边形层状结构　六边形呈蜂巢晶格平面薄膜　石墨微晶沿纤维轴堆砌而成

图5-11　碳的分子结构变化

2. 碳纤维的生产工艺

那么碳纤维是从何而来的呢？

碳纤维是由含碳量较高，在热处理过程中不熔融的人造化学纤维，经热稳定氧化处理、碳化处理及石墨化等工艺制成的。

碳纤维的开发历史可追溯到19世纪末期美国科学家爱迪生发明的白炽灯灯丝，而真正作为有使用价值并规模生产的碳纤维，则出现在20世纪50年代末期。图5-12是碳纤维生产流程简图。

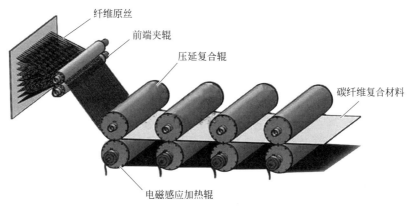

纤维原丝
前端夹辊
压延复合辊
碳纤维复合材料
电磁感应加热辊

图5-12 碳纤维生产流程简图

3. 碳纤维的优异性能（图5-13）

碳纤维具有石墨一样的优异性能，它沿纤维轴方向表现出很高的强度，是一种强度比钢大，密度比铝小，比不锈钢还耐腐蚀，比耐热钢还耐高温，又像铜那样能导电，具有许多宝贵的电学、热学和力学性能的新型纤维。

碳纤维相当柔软，可加工成各种织物。因制造原料和工艺的不同，含碳量也会略有差异，一般在90%以上。

高强度
比热容量
耐热性好
密度小
热膨胀系数低
抗热冲击性好
抗腐蚀性优异

图5-13 碳纤维的性能特点

4. 碳纤维的作用

碳纤维的主要用途是与树脂、金属、陶瓷等基体复合，做成复合材料。在强度、刚度、重量、疲劳特性等有严格要求的领域，在要求高温、化学稳定性高的场合，碳纤维复合材料都颇具优势。

碳纤维复合材料无论是在我们的生活、工业生产、军事，还是航天事业上，都有不可替代的用途（图5-14）。在我们的生活中，高尔夫球杆、网球拍、钓竿、滑雪杖以及撑杆跳的撑杆都是由碳纤维和树脂复合材料制成的。在化学工业中，用碳纤维复合材料可制造耐腐蚀化工设备。碳纤维齿轮具有高精度、高强度、高模量、防静电、低噪声、耐高温、耐腐蚀等特点，主要适用于照相机、复印机、打印机及各种微电机等。也有直接把碳纤维用于军事的，例如，碳纤维炸弹能破坏电力供应，其原理就是产生了覆盖大范围地区的碳纤维云，这些导电性纤维使供电系统短路（图5-15）。

航空　　　　　　　　航天　　　　　　　轨道交通

汽车　　　　　　　风力发电　　　　　海洋工程

图5-14　碳纤维的广泛用途

图5-15　碳纤维炸弹

当然碳纤维复合材料的最重要用途还是在航空航天方面。例如，用于火箭发动机喷管、航天飞机机头，机翼前缘和舱门等；用于卫星构架、天线、太阳能电池板、卫星-火箭结合部件、用于太空望远镜的测量构架。

用碳纤维和特种环氧树脂经高温高压制成的复合材料，它的比强度（强度和密度之比）是钢的5倍、铝合金的4倍、钛合金的3.5倍，这种重量轻、强度高的材料，已经成为宇航工业中的宠儿，是神舟飞船壳体的主要材料。

随着现代航空技术的发展，飞机装载质量不断增加，飞机着陆速度不断提高，对飞机的紧急制动提出了更高的要求，碳/碳复合材料作为一种新型刹车盘材料（图5-16），具有重量轻、耐高温、吸收能量大、摩擦性能好等特点，已广泛用于军用飞机和民航客机中。采用钢制成的刹车盘，可降落1500次；而采用碳/碳复合材料后，可提高到3000次，为钢质刹车盘的2倍。

从小小的碳原子，到性能优异的碳纤维，这个神奇的转化给材料界带来了许多惊喜。然而，碳纤维的生产和应用都还存在着许多问题，例如，降低生产成本，实现碳纤维的量产，使这一高性能材料的应用得到普及。

图5-16　碳纤维刹车盘

5.4　复合材料的新宠——天然复合材料竹子

近些年来，来自世界各国的许多复合材料领域科研人员，都对天然纤维在复合材料领域的应用产生了浓厚的兴趣，尤其是如何用天然纤维替代玻璃纤维和碳纤维。

竹子是目前利用广泛的一种天然复合材料，它强度高、弹性好、密度小、生长速度快、价格便宜。我国素有竹子王国之称，拥有极为丰富的竹类资源。

1.　竹子的成分

主要由纤维素、半纤维素、木质素等组成，其次还含有少量的蛋白质、脂肪、单宁、果胶等。

2. 竹子的复合结构（图5-17）

竹子内有多种不同形态的细胞，可以分成两大类：一类是薄壁细胞，它们传递载荷，起着复合材料基体的作用；另一类是以厚壁细胞为主体的维管束，呈连续纤维状，是增强材料。

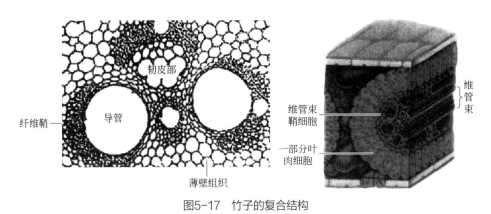

图5-17　竹子的复合结构

3. 竹子的优良性能

竹子具有优异的力学性能，强度高、弹性好。虽然钢材的抗拉强度为竹材的2.5～3.0倍，但钢材的密度却为竹材的10倍左右，因此，按比强度计算，竹材的比强度比钢材高3～4倍，同时，竹子的细长比可达1/150～1/250，这是常规结构难以达到的。它的比强度几乎可与高性能的先进复合材料相媲美。

竹子被称为"植物钢铁"，是因为它比真正的钢铁轻，但是坚固度却很高。

竹子具有抗菌性，因为竹子自身含有天然抗菌成分，在生长过程中无虫蛀，无腐烂。

竹子是地球上生长最快的植物，竹子比木头环保，因为禾本科的竹子（我们吃的水稻、小麦还有很多杂草都是这个家族的）继承了家族的疯长基因，一年即可长成，2～3年即可成材，而木材至少需要25年。使用竹子替代木材做建筑材料，可节约更多森林资源，延缓全球变暖。

是的，也许你不知道，树木有年轮会每年增粗，枝丫会逐渐探向高空，而竹子，它的粗度在它还是笋的时候就已注定，它的高度一年即长成。后面漫长的岁月无非是为了更加坚硬、更加枝繁叶茂罢了。

4.　竹子的应用（图5-18）

作为这么优异的天然复合
材料，节能又环保，竹子的用
途是相当广泛的，我们生活中
的衣、食、住、行等各方面都
有竹子的身影。

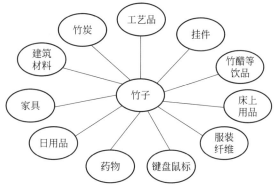

图5-18　竹子的应用

（1）采用竹子建成各种风格的建筑及各类用品

竹屋临风而立，最具君子风雅，在我国竹子用于建筑艺术的历史可追溯到数
千年以前，苏轼云："宁可食无肉，不可居无竹。无肉令人瘦，无竹令人俗。"图
5-19是竹建筑。

竹地板（图5-20）看上去很是清爽，竹子的纹理本色与黑白分明的色彩映
衬，利用成本低廉的可再生原料铺设在家中，将环保理念发挥到极致。

图5-19　竹建筑　　　　　　　　图5-20　竹地板

采用竹子做的家具，比如竹类梳妆台（图5-21），"竹元素"已经成为环保
低碳的核心，也是人们对热爱自然的完美诠释。岁月静好，对镜梳妆，感受竹子
的清香。

像图5-22这样的竹子茶几最大限度地保留了竹子材料的本身美感，在优雅
造型和柔美姿态中，似乎若有若无地涌现出竹林里"日光月影，浮动其间"的
韵味。

图5-21　竹类梳妆台

图5-22　竹茶几

颇有特色的竹制摆件在家中吸人眼球，浓浓的复古味占满角落。竹编的手工艺品越来越少见，放在家中绝对有格调。一可放在玄关处收纳零碎物件，二可摆放在居室作为装饰。

做工精细材料讲究的灯具显得十分精美，图5-23中的中国式荷花造型，每一片花瓣用竹条编制，令人赞叹。

图5-23　竹灯具

竹子还可以制成生活中许许多多的居家用品，比如：夏季非常需要的竹凉席、竹床、竹垫，吃饭时用的竹筷子，剔牙用的牙签；当然，还有竹扇子、竹凳子、竹椅子、竹钓竿、竹扫帚、竹筏等等。

除此之外，竹子还可以制成很多的工艺品，比如：竹风铃、竹雕刻、竹乐器、竹质纸巾盒，竹质办公文具、毛笔、电脑键盘、鼠标、音响等等。

竹编和时尚的结合，不仅仅是传承传统手艺，是时尚文化的迭新，更是竹编对现代生活的回归，让竹编真正成为一门有生命力的技艺。

（2）采用竹纤维的纺织品

竹纤维是以自然生长的竹子为原料制备的天然纤维。

竹纤维具有良好的透气性、吸水性、较强的耐磨性、良好的染色性，具有天然抗菌、抑菌、除螨、防臭和抗紫外线功能，是绿色生态纺织材料，被业内专家称为"会呼吸"的生态产品。

竹纤维含有竹蜜和果胶等成分，与皮肤的亲和力好，没有刺激感，竹纤维内衣穿着舒适。

竹纤维服装手感柔软、滑爽，色泽亮丽，穿用舒适，有良好的吸湿性，给人以凉而不冰、雅而不俗的感觉。由于竹子的天然韧性，竹纤维服装具有可机洗和免熨烫的良好效果，极大地方便了消费者。

虽然竹子看似普通，其实用途还真的是太多太多。相信在不久的将来，竹子的用途还会逐渐地延伸和扩张。到时候，竹子的应用价值会得以淋漓尽致地全部发挥出来。

5.5　人造板材探秘

刨花板、密度板、纤维板、实木颗粒板、指接板、生态板等等人造板材的这些名词，你肯定听过一个两个。

人造板材，顾名思义，就是利用木材在加工过程中产生的边角废料，混合其他纤维制作成的板材。人造板材种类很多，常用的有：刨花板、中密度板、细木工板（大芯板）、胶合板，以及防火板等装饰型人造板。因为它们有各自不同的特点，被应用于不同的家具制造领域。

1.　使家具板材规格多样化的刨花板

刨花板是将木材加工过程中的边角料、木屑等切削成一定规格的碎片，经过干燥，拌以胶黏剂、硬化剂、防水剂，在一定的温度下压制而成的一种人造板材（图5-24）。因为刨花板结构比较均匀，加工性能好，可以根据需要加工成大幅面的板材，是制作不同规格、样式的家具较好的原材料。制成品刨花板不需要再次干燥，可以直接使用，吸音和隔音性能也很好。但它也有其固有的缺点，因为边缘粗糙，容易吸湿，所以用刨花板制作的家具封边工艺就显得特别重要。另外由于刨花板容积较大，用它制作的家具，相对于其他板材来说，也比较重。

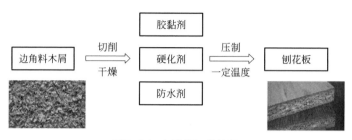

图5-24　刨花板工艺流程

2.　提高家具美观度的中密度纤维板

中密度纤维板是将木材或植物纤维经机械分离和化学处理手段，掺入胶黏剂和防水剂等，再经高温、高压成型制成的一种人造板材（图5-25），是制作家具较为理想的人造板材。

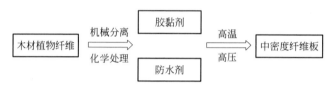

图5-25　中密度纤维板工艺流程

中密度纤维板的结构比天然木材均匀，也避免了腐朽、虫蛀等问题，同时它胀缩性小，便于加工。由于中密度纤维板表面平整，易于粘贴各种饰面，可以使制成品家具更加美观。在抗弯曲强度和冲击强度方面，均优于刨花板。

3.　美化家居的各种装饰人造板

用于装饰的人造板材是普通人造板材经饰面二次加工的产品。按饰面材料区分，有天然实木饰面人造板、塑料饰面人造板、纸质饰面人造板等多种类型。

（1）防火板

又称塑料饰面人造板，它具有优良的耐磨、阻燃、易清洁和耐水等性能。这种人造板材是做餐桌面、厨房家具、卫生间家具的好材料。

（2）三聚氰胺板

全称是三聚氰胺浸渍胶膜纸饰面人造板，是将带有不同颜色或纹理的纸放入三聚氰胺树脂胶黏剂中浸泡，然后干燥到一定固化程度，将其铺装在刨花板、中密度纤维板或硬质纤维板表面，经热压而成的装饰板。其结构如图5-26所示。

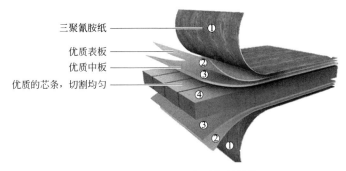

三聚氰胺纸 ①
优质表板 ②
优质中板 ③
优质的芯条，切割均匀 ④

图5-26　三聚氰胺板的结构

（3）纸质饰面人造板

这种板材是以人造板为基材，在表面贴有木纹或其他图案的特制纸质饰面材料。它的各种表面性能比塑料饰面人造板稍差，常见的有宝丽板、华丽板等。

4.　细木工板

细木工板是指在胶合板生产基础上，以木板条拼接或空心板作芯板，两面覆盖两层或多层胶合板，经胶压制成的一种特殊胶合板。细木工板的特点主要由芯板结构决定。这种人造板材用于高端产品。加工过程的技术工艺与制作实木家具相仿，有异曲同工之处。因此，细木工板制作的人造板材家具品质更胜一筹。

5.　指接板（图5-27）

指接板与细木工板的用途一样，只是指接板在生产过程中用胶量比细木工板少得多，所以是较细木工板更为环保的一种板材，已有越来越多的人开始选用指接板来替代细木工板。

指接板上下无须粘贴夹板，用胶量大大减少。指接板用的胶一般是白乳胶，即聚醋酸乙烯酯的水溶液，是用水做溶剂，无毒无味。

指接板还分有节与无节两种：有节的存在疤眼；无节的不存在疤眼，较为美观，可以直接用指接板制作家具，表面不用再贴饰面板，既有风格，又省"银子"。

图5-27　指接板

6. 铝塑板

铝塑复合板（图5-28），简称铝塑板，是指以低密度聚乙烯为芯层，两面为铝材（铝合金）的3层复合板材，并在产品表面覆以装饰性和保护性的涂层或薄膜（若无特别注明则通称为涂层）作为产品的装饰面。

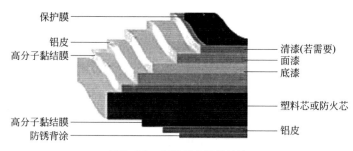

图5-28　铝塑复合板的结构

铝塑板由性质截然不同的两种材料（金属和非金属）组成，它既保留了原组成材料（金属铝、非金属聚乙烯塑料）的主要特性，又克服了原组成材料的不足，进而获得了众多优异的材料性质，如豪华、艳丽多彩的装饰性，耐候性、耐腐蚀、耐撞击、防火、防潮、隔声、隔热、抗震性；质轻、易加工成型、易搬运安装等特性。因此，被广泛应用于各种建筑装饰上，如天花板、包柱、柜台、家具、电话亭、电梯、店面、广告牌、厂房壁材等，已成为三大幕墙中（天然石材、玻璃幕墙、金属幕墙）金属幕墙的代表。铝塑板还被用于客车、火车车厢的制造，飞机、船舶的隔声材料，设计仪器箱体等。

铝塑板的缺点是价格较高、握钉力较差，连接只能用胶水或钳夹工艺，因此只能局限部分产品使用。

7. 人造板材的危害

人造板材循环利用边角废材虽是一种环保行为，但它们都是用大量的胶水等黏结剂黏合起来所制成的板材，既然有胶水的使用，那么就不可避免地会有甲醛。甲醛，想必大家都知道，对人体的健康会造成极大的伤害。

对于各种人造板材，希望在以后装修选择时注意各种板材的优缺点，按需选择。

5.6　阻燃防火材料的前世今生

有道是：建业千日功，火烧当日穷。火灾是自然灾害中出现频率最高的灾害之一，也是一种不受时空限制、破坏性巨大的灾害。

早在五千年前，我国就有木架结构连片建筑，我们的祖先已经开始探索建筑防火的技术，在甘肃秦安大地湾遗址，大型公共建筑的木柱周围，用泥土构筑了"防火保护层"，并用一层坚固防火涂料（一种胶结材料）涂抹于木柱上，保持至今，其建筑防火技术的卓越成就，令人惊叹不已。

早在春秋时期，就有"火所未至，彻小屋，涂大屋"的火灾预防办法，说的便是在火灾没有到达的地方，拆除掉较为不重要的小屋，以拉开防火距离，在较为重要的大屋上涂抹"防火涂料"（泥土等），提高阻燃性。

战国时的思想家墨子，在《墨子》中，提出了许多防火技术措施。电影《墨攻》中有这样的场景：刘德华饰演的守城领袖（墨者）革离，因为当时水没办法进来，城里的井水要保命，于是让人收集全城的粪便，涂于建筑上防火，使得敌方用火箭发动的火攻以失败告终。电影《墨攻》生动再现了墨家传人，用最原始的有机、无机磷氮型复合物涂抹于城墙和民居上，实现阻燃防火效果的一幕，也给广大影迷做了一次令人印象深刻的阻燃科普。

元朝，著名的农学家王祯在他的《农书》中对于建筑防火和防火材料更有详尽的论述，他提出了"火得木而生，得水而熄，至土而尽"的理论，由此研制了"用砖屑为末，白善泥、桐油枯、荸炭、石灰"等材料，然后用"糯米胶"调和出一种比较原始的防火材料。

明朝时期，人们为确保盛放皇帝銮驾仪仗等器物的仓库万无一失，仓库除沿护城河设置外，还建造了绝对可靠的5米厚白壁青瓦马头墙防火隔墙，在房间内充填三合土，直到顶部，夯压，最后封砖盖瓦。

在中国古代，火就被勤劳智慧的人们所约束。而西方也有对阻燃技术的研究。

据记载，希腊人在公元前450年就将木材浸渍于硫酸铝钾溶液中，可赋予木材一定程度的阻燃性。

公元前约200年，罗马人在硫酸铝钾浸液中加入了醋，提高了木材的阻燃耐久性。

公元前83年，古罗马报道了阻燃技术在军事上的应用，如以alum（明矾）溶液处理木城堡以御火攻，采用以头发增强的黏土做成的涂层来保护围城塔，以免被纵火材料毁坏。

1638年，法国有人提出用陶土和熟石膏作为填料加入涂料中以用于处理剧院的帆布幕布而使其获得阻燃性，并制备出一种难燃织物以及衣服。

1735年，英国人获得了以矾液、硼砂及硫酸亚铁阻燃处理木材和纺织品的专利。

有关阻燃纤维的科学和理论基础研究是从法国的盖-吕萨克（J. L. Gay-Lussac）开始的。1821年，他应法国国王路易十八的要求，研究降低剧院幕布的可燃性。盖-吕萨克发现，硫酸、盐酸和磷酸的铵盐对黄麻和亚麻都具有很好的阻燃性，采用氯化铵、磷酸和硼砂的混合物，阻燃效率更可显著提高。这个研究成果经受了时间的考验，至今仍被使用。

1859年，Versmannt和Oppenheim将磷酸铵、氯化铵、硼砂、硫酸铵、锡酸铵等应用于织物阻燃，并申请用氧化锡沉淀于织物而赋予织物阻燃性的专利。

1913年，珀金（Perkin）用铵盐和硫酸盐处理织物获得阻燃性能。

1930年，氯化石蜡和氧化锑的协效体系开始应用于阻燃材料。

1937年，出现了以磷酸二铵为催化剂、二氰二胺为膨胀发泡剂、甲醛为碳化剂的膨胀型防火涂料。

1950年之后，Hooker公司开发反应型单体氯菌酸，研制出阻燃不饱和聚酯。

1953年，有了含磷酸蜜胺的膨胀型防火涂料。

1965年，美国开始将聚磷酸铵引入防火涂料配方中。

目前，有机卤系阻燃剂是最主要的阻燃剂产品之一，共近百个品种，主要是溴系阻燃剂和氯系阻燃剂。

近几十年来防火涂料发展方兴未艾，其耐水性能、防火性能有了很大改进和提高，品种和应用范围不断扩大。有的国家还通过法律规定用于学校、医院、电影院等公用建筑内的涂料必须是阻燃的，否则不准兴建。可见防火涂料已经引起人们极大的重视。

第6章

新型高性能
功能材料

6.1 "永不忘本"的功能材料——形状记忆合金

1. 形状记忆现象

材料在一定温度下会恢复一定的形状，仿佛记住了温度所赋予的形状一样，这就是形状记忆现象。

2. 形状记忆的基本概念

形状记忆效应（shape memory effect，SME）指将材料在一定条件下进行一定限度以内的变形后，再对材料施加适当的外界条件，材料的变形随之消失而恢复到变形前的形状的现象。

形状记忆效应分类有很多种，包括：

单程记忆效应（图6-1），形状记忆合金在较低的温度下变形，加热后可恢复变形前的形状。

双程记忆效应（图6-2），某些合金加热时恢复高温相形状，冷却时又能恢复低温相形状。

全程记忆效应（图6-3），加热时恢复高温相形状，冷却时变为形状相同而取向相反的低温相形状。

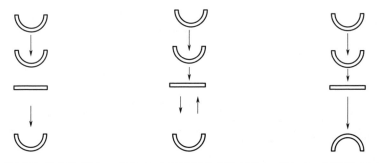

图6-1 单程记忆效应示意图　　图6-2 双程记忆效应示意图　　图6-3 全程记忆效应示意图

3. 形状记忆合金的发展

具有形状记忆效应的金属，就称为形状记忆合金，即shape memory alloy，简称为SMA，形状记忆合金通常是由2种以上的金属元素构成的合金。除了合金外，20世纪80年代以后，人们还分别在高分子聚合物、陶瓷材料和超导材料中发现了形状记忆效应。

1932年，瑞典人奥兰德在金镉合金中首次观察到记忆效应。

1963年，美国海军研究实验室发现钛镍合金具有形状记忆效应。

1970年，美国将钛镍记忆合金丝材制成宇宙飞船的天线。

我国于20世纪80年代开展相关研究，虽起步较晚，但目前成绩显著，应用开展广泛。

哪些金属具有形状记忆功能呢？迄今为止，发现的形状记忆合金体系主要如图6-4所示。

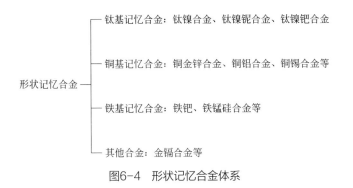

图6-4　形状记忆合金体系

4. 形状记忆的原理

形状记忆效应这么有趣，就像变魔术一样，那么，为什么会出现形状记忆效应呢？

我们一起来找一下隐藏在其中的魔法师吧。

我们知道，物质都是由原子构成的，原子在三维空间上不同形式的排列，构成了丰富多样的晶格，而不同的晶格则构成了神奇美丽的材料世界，原来晶格就是伟大的魔术师！

以碳原子为例，碳原子在三维空间排列，形成炫目的钻石；在二维空间排列，形成石墨烯；在一维空间排列，形成碳纳米管；在零维上，则为富勒烯及其衍生物（图6-5）。

图6-5　碳原子的不同排列

对于铁原子也一样，在高温时，铁原子以面心立方形式排列，称为 γ-Fe；在低温时，铁原子以体心立方形式排列，称为 α-Fe（图6-6）。

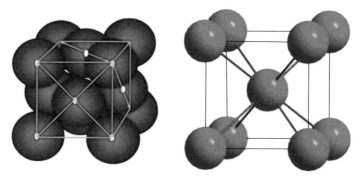

图6-6　γ-Fe（左）和α-Fe（右）

当碳原子固溶进入面心立方铁中，就形成了含碳的一种组织，称为奥氏体相。奥氏体经快速冷却，形成含碳的立方结构的铁，称为马氏体相。从奥氏体相到马氏体相的原子排列方式的改变，就称为相变（图6-7）。当然，马氏体经升温，能够恢复到奥氏体相。

$$\text{奥氏体（A）} \underset{\text{升温}}{\overset{\text{快速冷却}}{\rightleftarrows}} \text{马氏体（M）}$$

图6-7　相变

在有些材料体系中，由马氏体到奥氏体的相变过程中，相变阻力大，即奥氏体经快速冷却形成马氏体，但马氏体经升温，不能完全回复到奥氏体相。这个相变的形式，称为非热弹性马氏体相变。

　　但是，在有些材料体系中，由马氏体到奥氏体的相变阻力很小，随着温度的下降，马氏体逐渐形成，随着温度的上升，马氏体又逐渐缩小，也就是说，马氏体随着温度的变化可以可逆地长大或缩小。

　　我们再从晶格的角度来分析形状记忆的原理：

　　高温母相奥氏体，经过冷却，可以得到低温子相马氏体，马氏体经过变形，无论怎样变形，只要进行加热，就能够完全恢复到高温时的奥氏体结构，这个就是形状记忆的原理，也就是合金的形状记忆效应是一种特殊的热-机械行为，它是热弹性马氏体相变产生的低温相（马氏体）在加热时向高温相（奥氏体）进行可逆转变的结果。

　　图6-8是热弹性马氏体相变。

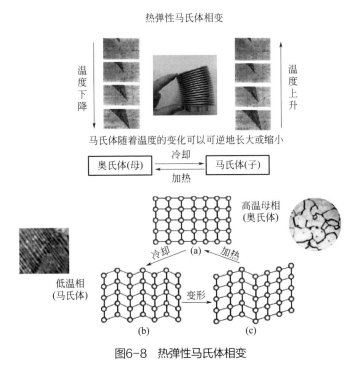

图6-8　热弹性马氏体相变

5.　形状记忆的应用

（1）航空航天

将制好的天线在低温下压缩成一个小球，使它的体积缩小到原来的千分之一，这样很容易运上月球。到月球上之后，再找到能受到太阳辐射加热的地方，这时，很小一团的形状记忆合金就可以完全恢复，全部打开，又形成了庞大的月面天线。利用月面天线就能够将声音和影像传到地面上来了。这就是形状记忆合金在航空航天的应用，其原理示意见图6-9。

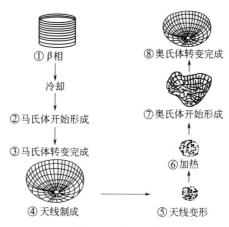

①β相

冷却

②马氏体开始形成

③马氏体转变完成

④天线制成

⑤天线变形

⑥加热

⑦奥氏体开始形成

⑧奥氏体转变完成

图6-9　月面天线

（2）工业

图6-10是形状记忆合金管接头，低温时将管内端扩大约4%，装配时套接一起，一经加热，套管收缩恢复原形，形成紧密的接合。

形状记忆合金在工业上的用途很广，除了上面所介绍的应用实例以外，它还可以用在智能机械、仿生机械、机械手等方面。

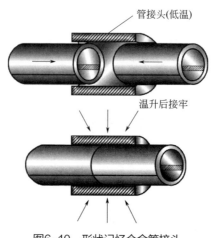

管接头(低温)

温升后接牢

图6-10　形状记忆合金管接头

（3）医学

Ti-Ni合金是医学上使用的一种形状记忆合金。因为它除了形状记忆功能以外，对生物体还具有较好的相容性，好的相容性对使用在生物体上的材料是必要的条件，否则会对生物产生有害作用。

如矫正牙齿用的拱形金属丝，一般是使用不锈钢丝，现在用Ti-Ni合金丝来替代，效果更好，患者使用时感到比较舒适，可靠性好。

骨折、骨裂所要的固定钉和接骨板，用Ti-Ni合金制作。把固定钉和接骨板装入人体的患病部位，依靠人的体温会使Ti-Ni合金发生相变，固定钉和接骨板的形状也会发生变化，把骨头固定牢，相变时产生的压力可以使断骨早日愈合，使患者少痛苦、恢复快。

心血管病是现代对人类生命最有危害的一类疾病之一，记忆合金也可以对这方面疾病的治疗与预防贡献自己的作用。用形状记忆合金可以制作防止血栓形成的血凝过滤器。把Ti-Ni合金丝插入人的血管中，通过人体的温度，使Ti-Ni合金丝恢复到原先母相的形状——网状，这样就可以防止血栓的形成，也阻止了凝血块流向心脏的可能。

用形状记忆合金还可以制作人工肾用瓣、人工心脏用的人工肌肉和血管扩张支架（图6-11）、脑动脉瘤夹、节育环等。

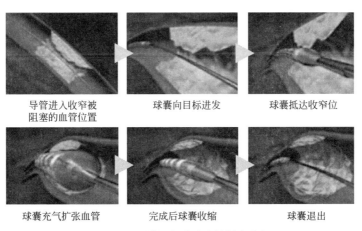

导管进入收窄被阻塞的血管位置	球囊向目标进发	球囊抵达收窄位
球囊充气扩张血管	完成后球囊收缩	球囊退出

图6-11 形状记忆合金血管扩张支架

（4）日常生活

日常生活中的应用有形状记忆弹簧（图6-12）、花洒等等。

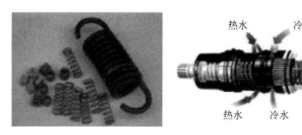

图6-12　形状记忆合金弹簧

（5）不久的将来

汽车的外壳将来也许可以用记忆合金制作。如果不小心碰瘪了，只要用电吹风加温就可恢复原状，既省钱又省力，很是方便。

随着人们对材料研究范围的扩大和深入，在陶瓷、复合材料和高分子材料中均发现了具有形状记忆效应的新种类。形状记忆材料的应用前景会伴随着人类社会的进步而越来越美好。

6.2　永不消失的电流——超导材料

磁悬浮列车我们并不陌生，它是一种现代高科技轨道交通工具，1922年由德国工程师赫尔曼·肯佩尔首先提出的。这种列车以悬浮状态运行，能够有效克服列车车厢与轨道之间的摩擦力，最高时速可以达到603km/h，备受人们青睐。那么，磁悬浮列车是怎样工作的呢？

磁悬浮列车的工作是基于磁悬浮技术，即利用磁力克服重力使物体悬浮的一种技术。

那么，如何产生这么大的斥力，把列车这么重的东西悬浮起来呢？

这还得从神秘又奇特的超导体说起。1911年4月8日，荷兰莱顿低温实验室的卡末林·昂内斯等人利用他们刚刚液化的最后一种气体——氦，研究金属在低温下的电阻，当他们把金属汞降温到4.2K（热力学温标中0K对应着零下

273.2℃，4.2K即相当于零下269℃）时，发现其电阻值突然降到仪器测量范围的最小值之外，即可认为电阻降为零。昂内斯把这种物理现象叫作超导，寓意超级导电，他本人因此获得了1913年的诺贝尔物理学奖。继第一个超导体金属汞被发现之后，人们又陆续发现了许多单质金属及其合金在低温下都是超导体。1933年，德国物理学家迈斯纳指出，超导体区别于理想金属导体，除了零电阻外，它还具有另一种独立的神奇特性——完全抗磁性。超导体一旦进入超导态，就如同练就了"金钟罩、铁布衫"一样，外界磁场根本进不去，材料内部磁感应强度为零。同时具有零电阻和抗磁性是判断超导体的双重标准，单凭这两大高超本领，超导就具有一系列强电应用前景。利用零电阻的超导材料替代有电阻的常规金属材料，可以节约输电过程中造成的大量热损耗；可以组建超导发电机、变压器、储能环；可以在较小空间内实现强磁场，从而获得高分辨的核磁共振成像，进行极端条件下的物性研究、发展安全高速的磁悬浮列车等等。可是，如此神通广大的超导体，为什么在人们日常生活中却远远不如半导体那么声名远播呢？这是因为半导体在室温下就能用，但超导体往往需要非常低的温度环境（低于其超导临界温度），这种低温环境一般依赖于昂贵的液氦来维持，这极大地增加了超导应用的成本。解决这一问题关键在于寻找更高临界温度的超导体，特别是室温超导体——这是所有超导研究人员的终极梦想。

在探索新超导体过程中，物理学家同时担任着另一项重要科学任务——从微观层面解释为什么电子能够在固体材料中"畅行无阻"。包括爱因斯坦、玻尔和费曼等在内的世界上许多顶级物理学家都曾试图完成这个任务，绝大部分都是失败的尝试。在等待了漫长的46年之后的1957年，常规金属超导微观理论在美国三名物理学家手上被成功建立，这个理论以他们的名字（巴丁、库伯、施里弗）命名为BCS理论。BCS理论认为，常规金属合金中的自由电子除了人们熟知的库仑排斥作用外，还存在一种较弱的吸引相互作用。因为固体材料中的原子总是在平衡位置附近不停地热振动，原子核和其内部电子构成带正电的原子实会对"路过"带负电的电子存在吸引相互作用，如果两个电子运动方向相反（动量相反），那么它们各自与周围原子实的相互作用就可以等效为它们之间存在一种弱的吸引相互作用，就像冰面上两个舞者互相抛接球一样，这种作用力导致材料中电子两两配对。配对后的电子对又叫库伯对，如果所有库伯对在运动过程中保持步调一致，那么配对电子即便受到运动阻碍也会两两相消，使得整个配对的自由电子群体都可以保证能量损失为零，从而实现零电阻状态。尽管BCS理论如此美妙地用"电子配对、干活不累"的创意解决了常规金属合金超导机理问题，但其创新大胆的思想却迟迟难以被人们所接受，直到被实验所证实，才于1972年被颁发诺贝尔物理学奖。有了理论指引，更高临界温度的超导体似乎已经可以"按图索骥"，然而，兴奋的实验物理学家只在铌三锗合金中找到了23.2K的超导，历时几十余年的超导探索之路，如同乌龟踱步一样，路漫漫其修远，何处是曙光？理论物理学家再次无情地泼了一大瓢冷水——在BCS理论框架下，所有的超导体临界温度存在一个40K的理论上限，称作麦克米兰极限。

　　1986年开始，曙光终于破雾而出。位于瑞士苏黎世的IBM公司的两名工程师柏诺兹和缪勒在镧-钡-铜-氧（La-Ba-Cu-O）体系发现可能存在35K的超导电性。尽管临界温度尚未突破40K，但是35K已经是当时所有超导体临界温度的新纪录，为此柏诺兹和缪勒获得了1987年的诺贝尔物理学奖。一场攀登超导巅峰之战由此拉开帷幕，其中不乏中国人和华人科学家的身影。1987年2月，美国休斯敦大学的朱经武、吴茂昆研究组和中国科学院物理研究所的赵忠贤研究团队分别独立发现在钇-钡-铜-氧（Y-Ba-Cu-O）体系存在90K以上的临界温度，超导研究首次成功突破了液氮温区（液氮的沸点为77K）。采用较为廉价的液氮将极大地降低超导的应用成本，使得超导大规模应用和深入科学研究成为可能。之后的几十年内，超导临界温度记录以火箭般速度往上蹿，目前世界上最高临界温度的超导体是汞-钡-钙-铜-氧（Hg-Ba-Ca-Cu-O）体系（常压下135K，高压下164K）。

　　由于铜氧化物超导体临界温度远远突破了40K的麦克米兰极限，被人们统称为"高温超导体"（这里的高温，实际上只是相对金属合金超导体较低的临界温度而言）。很快，人们也认识到，铜氧化物高温超导体（或称铜基超导体）不能用传统的BCS超导微观理论来描述。要获得如此之高的临界温度，仅仅依靠原子热振动作为中间媒介形成配对电子是远远不够的。进而，人们发现重费米子超导体、有机超导体和某些氧化物超导体均不能用BCS理论来描述，尽管电子配对的概念仍然成立，但是如何配对、配对媒介和配对方式却千奇百怪。这些超导体又被统称为非常规超导体，区别于可以用BCS理论描述的常规金属合金超导体。

图6-13总结了各种超导体发现年代及其临界温度。

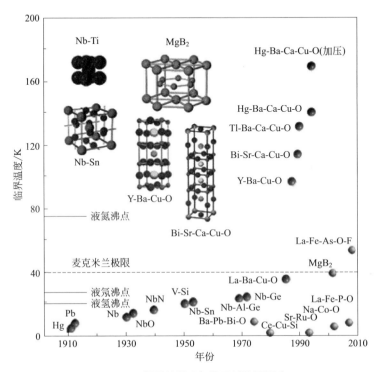

图6-13　超导体发现年代及其临界温度

1. 超导材料的基本特性

（1）完全导电性

昂内斯发现，将超导体做成环形放入磁场中，并冷却到低温，当温度小于临界温度时，环变为超导态，此时环中无电流，去掉磁场，则有感应电流产生。感生电流永不消失，环内的感应电流使环内的磁通保持不变。

（2）完全抗磁性（图6-14）

德国科学家迈斯纳（Meissner）和奥森菲尔德（Ochsenfeld）在1933年发现了超导材料的完全抗磁现象。他们对锡（Sn）单晶球超导体进行磁场分布研究，发现金属球被冷却到超导态时，体内的磁通线全部被排斥，磁感应强度等于零。

如果先将超导体的温度降至临界温度以下，然后再加磁场，发现磁力线也不会进入超导体内。也就是说，当超导材料的温度低于临界温度而进入超导态后，超导材料就会将磁力线完全排斥于体外，因此，其体积内的磁感应强度总和为零。这种现象被称为超导体的迈斯纳效应。

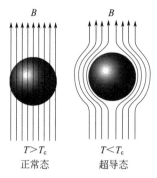

$T > T_c$
正常态

$T < T_c$
超导态

图6-14　超导的完全抗磁性

那么，超导态为什么出现完全抗磁性呢？

原因是：外磁场在试样表面感应产生一个感应电流，此电流所经历的电阻为零，所产生的附加电磁总是与外磁场大小相等，方向相反，因而使超导体内合成的磁场为零。

完全导电性（即零电阻效应）和迈斯纳效应（即完全抗磁性）是超导态的两个基本、独立的属性，是任何材料具有超导性能的必要条件。

2. 超导材料的性能指标

超导材料有三个重要的性能指标：临界温度T_c、临界磁场强度H_c、临界电流密度J_c。

临界温度T_c：即电阻突然消失的温度。超导体温度低于临界温度时，便出现完全导电和迈斯纳效应等基本特征。超导材料的临界温度越高越好，越有利于应用。

临界磁场强度H_c：临界磁场强度是指使超导材料的超导态破坏，而转变到正常态所需的磁场强度。当温度低于临界温度时，将超导体放入磁场，如果磁场强度高于临界磁场强度，则磁力线穿入超导体，超导体被破坏而成为正常态，临界磁场强度H_c随温度降低而增加。

临界电流密度J_c：临界电流密度是使超导态破坏而转变为正常态所需的通过超导材料的电流密度。如果输入电流所产生的磁场与外磁场之和超过临界磁场，则超导态被破坏，这时输入的电流为临界电流，相应的电流密度称为临界电流密度。随着外磁场的增加，J_c 必须相应地减小，以使它们磁场的总和不超过 H_c 值而保持超导态，故临界电流就是材料保持超导态状态的最大输入电流。

3.　超导材料的分类

根据临界转变温度 T_c 的大小，超导材料可以分为低温超导材料（$T_c<30K$，又称为常规超导体），高温超导材料（主要是氧化物材料）。

（1）低温超导体

低温超导体按其化学成分分为：元素超导体、合金超导体和化合物超导体。

元素超导体已经被发现有约 50 种。

合金超导体和化合物超导体的种类很多，总数达到几千种。最早被使用的合金超导材料是 Nb-Zr 合金，后来又诞生了成本低、加工性能好的 Nb-Ti 合金。到了 20 世纪 70 年代出现了 Ni-Zr-Ti、Ni-Ti-Ta 三元超导合金，它们具有更佳的超导性能。

化合物超导材料的临界温度和临界磁场强度要高于合金超导体。化合物超导材料可根据其晶格类型分为 NaCl 型（B1 型）、A15 型、C15 型、菱面晶型等。其中 A15 型的临界温度较高，Nb_3Sn 和 V_3Gd 两种超导材料已具有了实际的应用价值。

（2）高温超导体

高温超导体具有层状的类钙钛矿结构。主要有：

La-Sr-Cu-O（镧锶铜氧化物）超导体；

Y-Ba-Cu-O（钇钡铜氧化物）超导体；

Bi-Sr-Ca-Cu-O（铋锶钙铜氧化物）超导体；

Tl-Ba-Ca-Cu-O（铊钡钙铜氧化物）超导体；

Hg-Ba-Ca-Cu-O（汞钡钙铜氧化物）超导体。

这些超导体的临界温度要比低温超导体高得多，常常达到 80～90K。

4. 超导材料的应用

超导材料具有零电阻效应，所以用超导材料进行无损耗或低损耗的输电，是人们关心的重点内容。另外，高磁场的超导磁体也是科技界一个注意点。

但是真正能被实际应用的超导材料，至今仍很少。需要解决的技术问题很多，高临界温度和临界电流超导材料的发现和制取，这是首先要攻克的第一个难关，其次是必须解决低温制冷设备和制冷技术。

（1）电力行业的应用

低温超导材料临界温度低，超导输电系统必须进行低温冷却（液氦），成本惊人，所以很难在电力行业中应用。目前，国际上主要研究在液氮冷却条件下的电缆，即用高温超导体来制取输电器件。

超导发电机和电动机是超导材料在电力行业上应用的又一项目。超导材料线圈使磁感应强度大大提高，电流密度比普通电机提高 1～2 个数量级。

同样，超导变压器的使用，使变压器的体积和重量明显下降，磁损耗也大为减少。

（2）磁悬浮列车

磁悬浮列车是当前引起人们极大兴趣的新颖铁路运输机车。

磁悬浮高速列车是利用轨道上的超导线圈与列车上的超导线圈磁场间的斥力使列车悬浮在轨道上，把车轮与轨道间的摩擦力减到最小，使列车的速度极大地提高。

（3）医学上的应用

超导磁体用于医疗上的核磁共振层析扫描，它可以对人体不同部位进行核磁共振分析，经过计算机处理，得到清晰的图像，以诊断疾病，而对人体毫无损害。这种诊断技术已在医学上得到了越来越广泛的应用。

（4）储存能量

利用超导体电阻等于零的特点，使得流入超导体回路中的电流，一直保存下来，这样就把电能储存在超导线圈里。

（5）热核反应堆

热核反应发电是一项开发新能源的项目。为了利用核聚变能量发电，必须有能储存 4×10^{10} J能量能力的磁体，而这样的磁体只能用超导材料来制取。目前主要使用 Nb 基合金的超导材料来制取磁体。

随着超导技术的发展与提高，超导材料将会在越来越多的领域中为人类服务。超导材料会伴随着人类社会共同前进。

6.3　灯光秀为何如此惊艳——LED照明

华灯初上，一栋栋高楼大厦皓光闪耀，人们行走在楼宇之间，恍惚置身于浩瀚的宇宙中，流光溢彩的灯光秀勾勒出城市美轮美奂的轮廓线。半导体技术在引发微电子革命之后，又在孕育一场新的产业革命——照明革命，其标志就是用半导体光源逐步替代白炽灯和荧光灯。LED照明是继白炽灯、荧光灯后照明光源的又一次革命，被世界公认为是最具发展前景的高效照明产业。

1.　LED简介

LED就是发光二极管（light emitting diode）的英文缩写。图6-15是LED的结构。

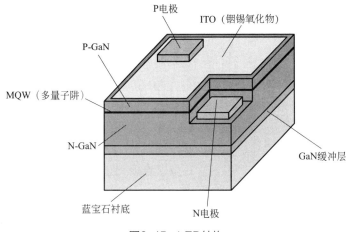

图6-15　LED结构

2. LED的发展历程

1907年，Henry Joseph Round第一次在一块碳化硅里观察到电致发光现象。

1936年，George Destiau发表了一个关于硫化锌粉末发光的报告。

20世纪60年代末，在砷化镓基体上使用磷化物发明了第一个可见的红光LED。

20世纪70年代中期，磷化镓被使用作为发光光源，随后就发出灰白绿光；70年代末，它能发出纯绿色的光。

20世纪80年代早期到中期对砷化镓磷化铝的使用，使得第一代高亮度的LED的诞生，先是红色，接着就是黄色，最后为绿色。

20世纪90年代中期，出现了超亮度的氮化镓LED，随即又制造出能产生高强度的绿光和蓝光铟镓氮LED。

20世纪90年代早期，采用铟铝磷化镓生产出了橘红、橙、黄和绿光的LED。

3. LED的工作原理（图6-16）

一个二极管由一段P型材料同一段N型材料相连而成，且两端连有电极。当二极管两端不加电压时，N型材料中的电子会沿着PN结运动，去填充P型材料中的空穴，并形成一个耗尽区。在耗尽区内，半导体材料回到它原来的绝缘态——即所有的空穴都被填充，因而耗尽区内既没有自由电子，也没有供电子移动的空间，电荷则不能流动。

为了使耗尽区消失，必须使电子从N型区域移往P型区域，同时空穴沿相反的方向移动。为此，将二极管N型的一端和电路的负极相连，同时P型的那一端和正极相连。N型材料中的自由电子被负极排斥，又被正极吸引；而P型材料中的空穴会沿反方向移动。如果两电极之间的电压足够高，耗尽区内的电子会被推出空穴，从而再次获得自由移动的能力。此时耗尽区消失，电荷可以通过二极管。

如果将P型端连接到电路负极、N型端连接到正极的话，电流将不会流动。N型材料中带负电的电子会被吸引到正极上；P型材料中带正电的空穴则会被吸引到负极上。由于空穴和电子各自沿着错误的方向运动，PN结将不会有电流通过，耗尽区也会扩大。

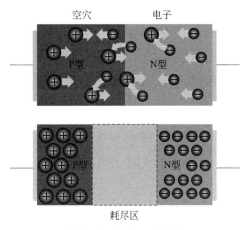
空穴　　　电子

P型　　　N型

P型　　　N型

耗尽区

图6-16　LED工作原理

4. LED灯的特点

LED 灯就是采用固体半导体芯片为发光材料，与传统灯具相比，LED 灯节能、环保、显色性与响应速度好。

体积小。LED 基本上是一块很小的晶片被封装在环氧树脂里面，所以非常小，非常轻。

功率低。LED 耗电相当低，一般来说 LED 的工作电压是 2 ～ 3.6V，只需要极微弱电流即可正常发光。在能耗方面，LED 灯的能耗是白炽灯的十分之一，是节能灯的四分之一。这是 LED 灯的一个最大的特点。

高亮度、低热量，相较于其他的光源，LED 灯更"干净"。所谓的"干净"不是指的灯表面以及内部的干净，而是 LED 使用冷发光技术，属于冷光源，发热量比同等功率普通照明灯具低很多，不会产生太多的热量，不会吸引那些喜光喜热的昆虫。

使用寿命长。在恰当的电流和电压下，LED 的使用寿命可达 10 万小时。

环保。LED 是由无毒的材料制成，不像荧光灯含水银会造成污染，同时 LED 也可以回收再利用。

坚固耐用。LED 是被完全封装在环氧树脂里面，比灯泡和荧光灯管都坚固。

响应速度快。LED 灯还有一个突出的特点，就是反应的速度比较快。只要一接通电源，LED灯马上就会亮起来。我们平时使用的节能灯，往往需要很长的时间才能照亮房间，在灯泡彻底地发热之后，才能亮起来。

LED的缺点是效率受高温影响而急剧下降，浪费电力之余也产生更多热，令温度进一步上升，形成恶性循环，也会缩短寿命，因此需要良好的散热。

成本较高，售价较高。

5. LED的应用

汽车工业。汽车工业上的应用汽车用灯包括汽车内部的仪表板、音响指示灯、开关的背光源、阅读灯和外部的刹车灯、尾灯、侧灯以及头灯等。

电子工业。LED背光源已广泛应用于电子手表、手机、电子计算器和刷卡机上，随着便携电子产品日趋小型化，LED背光源更具优势，因此，背光源将向更薄型、低能耗和均匀一致方面发展。LED是手机关键器件，一个普通手机约需使用10只LED器件。

显示屏。20世纪80年代中期，就有单色和多色显示屏问世，起初是文字屏或动画屏。90年代初，电子计算机技术和集成电路技术的发展，使得LED显示屏的视频技术得以实现，电视图像直接上屏，特别是90年代中期，蓝色和绿色超高亮度LED研制成功并迅速投产，使室外屏的应用大大扩展，面积在 $100\sim300m^2$ 不等。

LED显示屏在体育场馆、广场、会场甚至街道、商场都已广泛应用，此外在证券行情屏、银行汇率屏、利率屏等方面应用也占较大比例，在高速公路、高架道路的信息屏方面也有较大的发展。

6.4　热电材料——化石能源消失的那天就靠它了

当化石燃料消耗用尽，我们靠什么维持光明？生活中废弃的热能我们如何化废为宝？明天的世界会由谁改变？

答案或许就是热电材料。

1. 什么是热电材料？

热电材料，通俗来说是一种能将热能和电能相互转换的功能材料，能对自然界和日常生活中广泛存在但无法加以利用的热源（汽车尾气、工业废热、地热等）进行转换，供给人类日常生活及工业生产所需的电能。热电器件在工作中具有很多优点，比如体积小、重量轻、高效、安全环保、使用寿命长、工作无噪声、免维护等，其独特的制冷和发电功能已广泛应用于军事、医疗、工业、民用产品、实验室、光电、通信等领域。

当在材料中存在电位差时会产生电流，存在温度差时会产生热流。从电子论的观点看，在金属和半导体中，无论是电流还是热流，都与电子有关。故温度差、电位差，电流、热流之间存在交叉联系，这就构成了热电效应。

我们来看一个有趣的实验，有两个杯子，一个杯子里装冷水、一个杯子里装热水，然后将小风扇的两个脚分别放在热水和冷水里，风扇的叶片就转动起来了，说明产生了电流。

热电效应就是当受热物体中的电子或空穴，因随着温度梯度由高温区往低温区移动时，所产生电流或电荷堆积的一种现象。

热电有三大效应，按发现的时间顺序，依次为塞贝克效应、帕尔帖效应和汤姆孙效应。

（1）帕尔帖效应

帕尔帖（Peltier，又译佩尔捷）效应是法国科学家帕尔帖于1834年发现的。

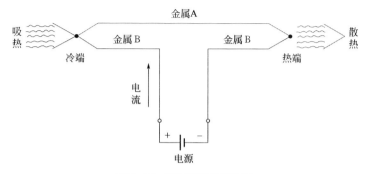

图6-17 帕尔帖效应示意图

在某一温度下，将两种金属A和B相互接触，然后在回路中通以电流，发现两个接触点会出现吸热和放热的现象，见图6-17。

因此，帕尔帖效应就是指两种不同材料AB组成的回路，通过电流时，根据电流方向的不同，在接触点出现降温或者升温现象。

（2）汤姆孙效应

汤姆孙（Thomson）效应是由英国科学家汤姆孙于1855年发现的。

实验中发现，当一根金属导线两端温度不同时，若通以电流，则在导线中除产生焦耳热外，还会产生放热或吸热效应（图6-18）。

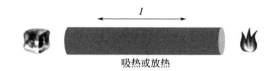

图6-18　汤姆孙效应示意图

因此，汤姆孙效应是指当一根金属棒的两端温度不同时，金属棒两端会形成电势差，当电流在温度不均匀的导体中流过时，导体除产生不可逆的焦耳热之外，还要吸收或放出一定的热量。

（3）塞贝克效应

塞贝克（Seebeck，又译泽贝克）效应是由德国科学家塞贝克于1821年发现的。

实验中，将金属A和金属B联合，形成一个闭合回路，然后，让两个接点处温度不同，则在回路中会产生电流，图6-19是当时做实验的装置。

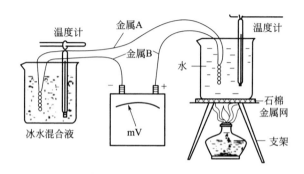

图6-19　塞贝克效应示意图

因此，塞贝克效应是指两种不同材料AB组成的回路，且两端接触点温度不同时，则在回路中存在电动势的效应。

塞贝克效应中的热电势主要由温差电势和接触电势组成。

温差电势是同一导体两端由于温度不同，电子由高温端向低温端扩散产生的电势。

接触电势是由于不同导体电子浓度或能量不同，在接触部位因扩散而引起的电势。

这三大热电效应简单来说就是：

汤姆孙效应是同一材料，两端温度不同，通电流，出现吸/放热；

帕尔帖效应是不同材料，通电流，在接点处出现吸/放热；

塞贝克效应是不同材料，接触点温度不同，回路中出现电流。

因此，可以认为汤姆孙效应和帕尔帖效应共同构成了塞贝克效应（图6-20）。

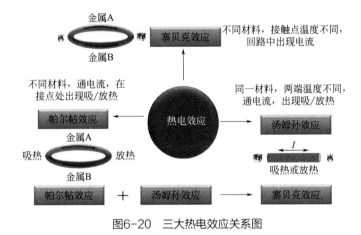

图6-20　三大热电效应关系图

2.　热电效应的原理

那么，为什么会出现热电效应呢？我们分别来看一下三大热电效应的原理。

（1）帕尔帖效应原理（图6-21）

我们知道，不同金属中，自由电子具有不同的能量状态。比如，金属A中的自由电子能量状态比金属B中的自由电子能量状态高。当两种金属接触，电子要从A流向B，使A的电子减少，而B的电子增多，从而导致金属A的电位变正，B

的电位变负，于是在金属A和金属B之间产生一个接触电势。接触电势差是由于两种金属中电子逸出功不同及两种金属中电子浓度不同所造成的。

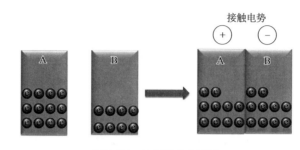

图6-21　帕尔帖效应原理

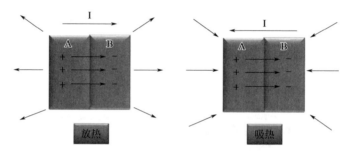

图6-22　电流方向不同，出现吸热或放热的现象

由于接触电势的存在，当通入电流时，会出现电流方向不同，出现吸热或放热的现象（图6-22）。

因此，帕尔帖效应可以解释为：在两种金属或半导体接头处有接触电位差，通入电流后，如接触电位差的电场阻碍电子运动，电子要反抗电场做功，动能减少，减速的电子与金属原子碰撞，从金属原子处取得动能，从而使温度降低，从外界吸收热量；反之，如接触电位差的电场使电子加速，电子获得能量，并把能量传递给金属原子，使其温度升高，从而放热。

（2）汤姆孙效应原理

类似地，对于同一根金属导线，当温度相同时，两端的电子能量状态相同；当温度不均匀时，高温端的电子能量高，低温端的电子能量低，高温端的电子会流向低温端，从而高温端带正电，低温端带负电，若通以电流，会出现吸放热现象（图6-23）。

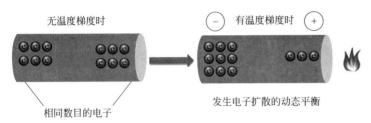

无温度梯度时　　　　　⊖　有温度梯度时　⊕

相同数目的电子　　　　发生电子扩散的动态平衡

图6-23　汤姆孙效应原理

因此，汤姆孙效应可解释为：金属或半导体中温度不均匀时，温度高处的自由电子比温度低处的自由电子动能大，自由电子从温度高端向温度低端扩散，在低温端堆积，从而形成电场，在材料两端形成一个电势差。这种自由电子的扩散作用一直进行到电场力对电子的作用与电子的热扩散平衡为止。

塞贝克效应则综合了帕尔帖效应和汤姆孙效应，可谓是"热力似火、电力无穷"！

3.　热电材料的应用

在了解了热电效应及其原理之后，我们再来看一下热电材料的应用。

你注意到冬天有暖气时从外面进入室内眼镜片上的雾了吗？这个温差大小视地域而变化，诸如在东北和内蒙古可以达到几十摄氏度的温差，而在没有暖气的南方则是几摄氏度的温差，而且还是室内没阳光更冷造成的。不利用好室内外温差，都对不起北方同胞脱掉的羽绒服和南方同胞裹上的厚棉被。

所以热电材料就是运用了温差，轻而易举地把温差产生的势能转化为电能（图6-24），在夏天既降低了室内的温度，又让你家的电费减少了。换句话说，减少了电能的消耗也就等同于减少了化石燃料的消耗，最终起到了保护环境的效果。所以我叫他环保使者！

根据前面的介绍，我们可以知道，利用塞贝克效应和帕尔帖效应，可以实现电能和热能之间的转换。

此外，我们还可以利用热电效应，实现半导体制冷技术，能够在小范围内实现快速制冷。

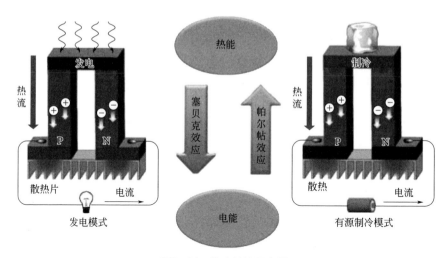

图6-24　热电转换示意图

6.5　锂电驱动未来

2019年，诺贝尔化学奖授予了三位科学家，约翰·B.古迪纳夫（John B. Goodenough）、斯坦利·惠廷厄姆（Stanley Whittingham）以及吉野彰（Akira Yoshino），以表彰他们在锂离子电池开发方面所做出的贡献。

根据诺贝尔奖官方组织的说法，"这种重量轻，可充电的电池正在广泛应用于手机、笔记本电脑和电动汽车各领域。它还可以用于储存大量来自太阳能和风能的能量，使无化石燃料的社会成为可能。"

1.　锂离子电池的历史

锂是锂离子电池的核心，它在元素周期表排行老三，是最轻的金属元素，金属锂的密度只有水的一半，铝是较轻的金属，锂的密度只有铝的五分之一。它小众、顽皮，是科幻宠儿，也是摇滚一族。治病医人，安抚世界，也是它的成就。

锂的电负性是所有金属中最大的，锂离子的还原电位高达-3V。根据计算，1g锂转化为锂离子时所能得到的电荷数为3860mAh，加之它的大于3V的工作电压，锂作为电池的负极材料是当之无愧的轻量级大力士。

锂电池是一类由锂金属或锂合金为正/负极材料、使用非水电解质溶液的电池。金属锂负极的概念首先由路易斯（Gilbert N. Lewis）于1912年提出。

早期负极为金属锂的"锂电池"，因金属锂的化学活性太大，充电时产生的枝晶会使电池短路，目前尚未真正解决其安全问题。经过长期的探索、研究，发现锂可与许多金属形成合金，其活性要小许多，更奇妙的是锂可以在许多层状结构的物质中可逆地嵌入和脱出。锂以这些材料为载体就安全多了。嵌锂化合物的发现和应用奠定了锂离子电池的技术基础。

1972年，Exxon（埃克森）公司的斯坦利·惠廷厄姆（Stanley Whittingham）首先推出了以金属锂为负极、TiS_2为正极的锂金属二次电池。因惠廷厄姆提出并开始研究锂离子电池，被称为"可充放锂电池之父"，其提出的嵌入式电极TiS_2，为锂电池的可充放奠定了理论基础。图6-25是1977年的$LiTiS_2$电池。

图6-25　1977年芝加哥车展上展出的$LiTiS_2$电池

然而，由于锂在充放电过程中容易在电极表面不均匀沉积，形成枝晶，导致严重的安全问题，这种锂金属二次电池最终没有实现商品化。此后，围绕如何解决锂二次电池安全性问题进行了长期的研究。

1980年，Armand（阿曼德）等人提出了用嵌入和脱出物质作为二次锂电池正负极的新构想，即采用低插锂电位的$Li_yM_nY_m$层间化合物代替金属锂作为负极，以高插锂电位的嵌锂化合物A_zB_w作为正极，组成没有金属锂的电池。正极和负极相当于锂离子的两个临时仓库，一个电势高，一个电势低。充电的时候，Li^+从正极脱嵌经过电解液运动到负极；放电时，嵌在负极碳层中的锂离子脱出，又运动回正极。这种循环被形象地称为"摇椅机制"。

1990年日本索尼能源技术公司开始了以石油焦为负极，$LiCoO_2$为正极的锂离子电池的商业化生产，并首次提出了"锂离子电池"这一全新的概念。1991年索尼公司成功推出非金属态的锂离子可充电电池。

2. 锂离子电池结构及类型

锂离子电池结构包括正极、负极、电解液、隔膜（图6-26）。

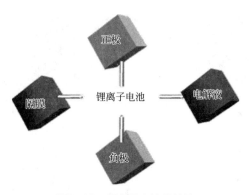

图6-26　锂离子电池的结构

正极材料是制造锂离子电池的关键材料之一，它的性能和价格直接影响到锂离子电池的性能和价格。研究和开发高性能的正极材料已成为锂离子电池发展的关键。

常用的正极材料包括：磷酸铁锂（$LiFePO_4$）、锰酸锂（$LiMn_2O_4$）、钴酸锂（$LiCoO_2$）、镍钴锰三元材料、聚苯胺、镍酸锂（$LiNiO_2$）。

常见负极材料（图6-27）包括：碳材料和非碳材料，碳材料包括石墨（天然石墨和人工石墨）和非石墨（硬碳和软碳）；非碳材料包括金属间化合物（锡基、锑基等）、金属氧化物（锡基氧化物和过渡金属氧化物）及其他类别（金属氮化物等）。

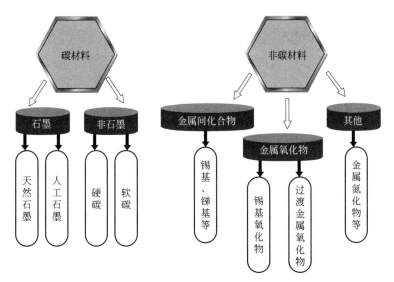

图6-27　锂离子电池常见负极材料

按锂离子电池的外形分：圆柱型锂离子电池、方型锂离子电池。

圆柱型锂离子电池一般为液态锂离子电池所采用，也是最古老的结构之一，偶尔在较早的手机上还能找到它的影子。目前大多数用在笔记本电脑的电池组里面。

方型锂离子电池是现今最普遍的液态锂离子电池形态，广泛地应用在各个移动电子设备的电池组里面，特别是手机电池。

锂离子电池容易与两种电池混淆：

① 锂电池：以金属锂为负极。

② 锂离子电池：使用非水液态有机电解质。

③ 锂离子聚合物电池：用聚合物来凝胶化液态有机溶剂，或者直接用全固态电解质。

全固态薄膜锂电池与现有锂离子电池的工作原理相同，最主要的区别是电池中没有有机电解液，取而代之的是固体的像纸一样的薄膜电解质，彻底解决了电解液泄漏的安全隐患。薄膜锂电池主要由固态的基片和基片表面的固态功能薄膜层构成，功能薄膜层包括电流收集极、正极、电解质、负极和封装保护膜，厚度仅 $10\mu m$。

　　手机和笔记本电脑使用的都是锂离子电池，通常人们俗称其为"锂电池"，电池一般采用含有锂元素的材料作为电极。而真正的锂电池由于危险性大，很少应用于日常电子产品。

3. 锂离子电池的优点和缺点

　　锂离子电池有许多显著特点，它的优点主要表现为：

　　① 电压高：单体电池的工作电压高达3.7 ～ 3.8V（磷酸铁锂的为3.2V），是镍镉（Ni-Cd）、镍氢（Ni-MH）电池的3倍。

　　② 比能量大：能达到的实际比能量为555Wh/kg左右，即材料能达到150mAh/g以上的比容量，3 ～ 4倍于Ni-Cd，2 ～ 3倍于Ni-MH，已接近于其理论值的约88%。

　　③ 循环寿命长：一般均可达到500次以上，甚至1000次以上，磷酸铁锂的可以达到8000次。

　　④ 安全性能好：作为锂离子电池前身的锂电池，因金属锂易形成枝晶发生短路，缩减了其应用领域，而锂离子电池中不含镉、铅、汞等对环境有污染的元素；部分工艺（如烧结式的Ni-Cd电池存在的一大弊病为"记忆效应"）严重束缚电池的使用，但锂离子电池根本不存在这方面的问题。

　　⑤ 自放电小：室温下充满电的锂离子电池储存1个月后的自放电率为2%左右，大大低于Ni-Cd的25% ～ 30%，Ni-MH的30% ～ 35%。

　　⑥ 快速充电：1C（一节电池的电容量）充电30分钟容量可以达到标称容量的80%以上，磷铁电池可以达到10分钟充电到标称容量的90%。

　　⑦ 工作温度：工作温度为-25 ～ 45℃，随着电解液和正极的改进，期望能扩宽到-40 ～ 70℃。

　　锂离子电池也有一些不足，主要表现在以下几个方面：

　　① 衰老：与其他充电电池不同，锂离子电池的容量会缓慢衰退，与使用次数有关，也与温度有关。这种衰退现象可以用容量减小表示，也可以用内阻升高表示。因为与温度有关，所以在工作电流高的电子产品中更容易体现。

　　② 不耐受过充：过充电时，过量嵌入的锂离子会永久固定于晶格中，无法

再释放，可导致电池寿命短。

③ 不耐受过放：过放电时，电极脱嵌过多锂离子，可导致晶格坍塌，从而缩短寿命。

同优点相比，这些缺点不成为主要问题，特别是用于一些高科技、高附加值的产品中，故应用范围非常广泛。

4.　未来电池的发展方向

固态电池近年来被视为可以继承锂离子电池地位的电池。固态锂电池技术采用锂、钠制成的玻璃化合物为传导物质，取代以往锂离子电池的电解液，大大提升电池的能量密度。

固态电池可能是未来电池技术的发展方向之一，但也许不是最好的，包括燃料电池、超级电容器、铝空气电池、镁电池在理念上都有较大的发展空间。

5.　锂离子电池真的会爆炸吗？

平时有看新闻的读者都应该看过关于手机爆炸的消息，一些可能就只是手机坏了，而严重的有把手给炸伤的，甚至还有因为手机爆炸引起火灾而丧命的。

手机已经是我们日常生活的一部分，不带手机的话，大部分人都会觉得没有安全感，让人觉得非常不自在，出门可以不带钱包，但不可不带手机。如果手机真有这么危险的话，那么我们岂不是每天都随身携带着一个炸弹，它真的有这么危险么？它的危险又是来自哪里？

（1）锂离子电池的激活

激活就是让尽可能多的电极材料参加反应。出厂的锂离子电池到用户手上已经是激活过的了，所谓的前三次充电12～14小时是误传，新电池充满即可使用，延长充电时间对电池容量无明显影响。

锂离子电池保养常识：

·每次使用切忌过度放电、过度充电，锂离子电池无记忆效应，无需专门充放电。

·尽量不让电池边充电、边放电。

·切忌靠近热源（＞60℃）工作。

（2）锂离子电池爆炸的原因

一般认为，锂离子电池起火爆炸是由于其内部化学原理和成分导致的。由于人们想在单位密度中储存更多的能量，这就导致了锂离子电池中碳、氧和易燃液体的含量不断增加。与此同时除了正极、负极以及隔膜之外，锂离子电池内部还充满了一种非常易燃的液体——锂盐类电解质。电池充电时，负极的锂离子向正极移动，电池在使用过程中，锂离子又回到负极以提供能量。在充完电的状态下，失去大部分离子的负极非常不稳定。这个温度足以使负极分解和释放氧。随着热量积蓄，电池将会进入"热失控"状态。此时电池内部的温度将会极快地升高，最后到达电解液的燃点而起火爆炸。在导致众多大厂笔记本电脑过热和起火的锂离子电池中，正是因为在电池制造过程中混入了过多的金属颗粒，容易在电池使用过程中发生短路、产生火花，才导致了这些锂离子电池的不稳定。

那么锂离子电池在什么情况下才有可能爆炸呢？

我们先看看锂离子电池的结构：锂离子电池的内部就像好多双层"夹心饼干"叠加在一起，"饼干"就是正负极和隔膜，而"夹心"就是电解液。电子在充放电的时候，就在"饼干"间和"夹心"中不断地游泳，充满电的锂离子电池就是电子都游到了"夹心饼干"的一侧的"饼干"上，而"夹心"和中间的"饼干"就负责隔开象征正负极的两块"饼干"，那么在什么情况下才有可能发生爆炸呢？

摔它？

软壳的锂离子电池还有铝壳锂离子电池都具有一定的延展性，因此摔它并不足以让它爆炸。

扎它或者是刺它？

其实穿刺锂离子电池可以让锂离子电池内部发生短路，产生高温，但由于壳体已经被穿刺，形不成爆炸的密闭的条件。

烧它？

灼烧锂离子电池可以让锂离子电池内部的电解液蒸发，通过电池泄气阀泄漏出去，产生喷射的火苗，虽然也非常危险，但是它不会爆炸。

水淹它？

浸水使电池外部短路，顶多让电池报废了，而不会产生爆炸。

其实爆炸是从内部开始的，像密闭的内部短路，短时间内就会让电池产生高温，并让内部的液体以及少量的蒸气膨胀并形成大量的气体，它来不及从泄气阀中排泄出去，所以短时间内形成高温高压，从而导致爆炸。

还有劣质的锂离子电池生产厂在涂布、卷绕的过程中生产洁净度、干燥度都不够，让太多的水分还有杂质进入电池内部而导致爆炸的。

另外就是使用的电解液不合格，在一定条件下会分解出水分，也有可能导致爆炸；还有就是黏结剂不合格产生掉粉，形成毛刺造成隔膜的穿刺，也就是内部会短路，最后导致锂离子电池容易爆炸。

所以，使用正品锂离子电池，是保证不发生危险的最有效方法。

6.6　奇妙的纳米世界

大家是否还记得在科幻世界里那些随意消失变化的人吗？还记得在神话世界里，孙悟空的七十二变吗？现在所有这一切都不是在疯狂的科幻世界里，也不是在神奇的神话故事里，而是就在我们身边的纳米时代！

图6-28所示的这些"纳米人"的身体由碳原子（原子是化学变化中的最小粒子）和氢原子组成，眼睛则为氧原子。每个分子人只有2nm高，是真人的十亿分之一。

1991年，美国IBM公司用一氧化碳分子在镍表面上构造了一个大头娃娃的分子人（图6-29），分子人从头到脚仅有5nm高度。

图6-28　原子组成的"纳米人"

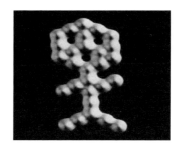

图6-29　一氧化碳分子人

　　"纳米"是20世纪90年代开始兴起的一个名词。"纳米技术"是继互联网、基因之后人们关注的又一大热点，那么什么是"纳米技术"？"纳米技术"对人类社会的发展有什么好处？它神奇在哪里？要想对这些问题有初步的了解，就让我们一起来了解神奇的纳米技术吧。

　　纳米结构通常是指尺寸在100nm以下（1～100nm）的微小结构，在纳米尺寸上对物质和材料进行研究处理的技术称为纳米技术。纳米技术本质上是一种用单个原子、分子制造物质的科学技术。

1. 我们身边的纳米现象

荷叶荷花为什么出污泥而不染？

　　科学家们揭开了奥秘：荷叶的表面上有许多微小的突起，突起的平均大小约为10μm，平均间距约12μm，而每个突起是由许多直径为200nm左右的突起组成的（图6-30）。原来在"微米结构"上再叠加上"纳米结构"，就在荷叶的表面形成了密密麻麻分布的无数"小山"，"小山"与"小山"之间的"山谷"非常窄，小的水滴只能在"山头"间跑来跑去，却休想钻到荷叶内部。于是荷花便有了疏水的性能。

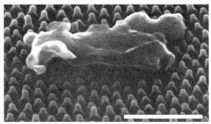

图6-30　荷叶表面的微观结构（标尺：100μm）

天花板上的纳米技术：壁虎

　　壁虎可以在任何墙面上爬行，反贴在天花板上，甚至用一只脚在天花板上倒挂，它依靠的就是"纳米技术"。壁虎脚上覆盖着十分纤细的茸毛，可以使壁虎以几纳米的距离大面积地贴近墙面。尽管这些绒毛很纤弱，但足以使所谓的范德瓦耳斯键发挥作用，为壁虎提供数百万个附着点，从而支撑其体重。这种附着力可通过"剥落"轻易打破，就像撕开胶带一样。

图6-31　壁虎脚趾的微观结构

壁虎足底显微镜照片（图6-31）：在壁虎足底大约分布着上百万根微小茸毛，因此能够产生巨大的分子吸力，使得壁虎能够附着在任何物体表面，并能够行走自如，即使是非常光滑或垂直的表面。

贝类——娴熟的黏合高手

普通的贝类就是与蔬菜一起烹饪、在饭店可以吃到的那种，堪称纳米黏合技术的高手。当它想把自己贴在一块岩石上时，就会打开贝壳，把触角贴到岩石上，它将触角拱成一个吸盘，然后通过细管向低压区注射无数条黏液和胶束，释放出强力水下胶黏剂。这些黏液和胶束瞬间形成泡沫，起到小垫子的作用。这种牢固的胶黏效果就来自黏液和岩石纳米尺度下分子之间的相互作用。

水面上自由行走的水黾

小型水生昆虫水黾被喻为"池塘中的溜冰者"，因为它不仅能在水面上滑行，而且还会像溜冰运动员一样能在水面上优雅地跳跃和玩耍。它的高明之处是，既不会划破水面，也不会浸湿自己的腿。水黾是如何练就如此水上绝技？对此，中国科学院化学研究所的研究员江雷在《自然》杂志上发表论文，揭开了水黾"水上轻功"的奥秘，并认为水黾腿部特殊的微纳米结构才是真正原因（图6-32）。

图6-32　水黾腿部的微观结构

水黾属于水生半翅目类昆虫，水黾的种类不同，大小也不一样，一只中等大小的水黾重约30mg，水黾的腿能排开300倍于其身体体积的水量，这就是这种昆虫非凡浮力的原因。在高倍显微镜下发现，水黾腿部上有数千根按同一方向排列的多层微米尺寸的刚毛。这些像针一样的微米刚毛的表面上形成螺旋状纳米结构的沟槽，吸附在沟槽中的气泡形成气垫，这些气垫阻碍了水滴的浸润，宏观上表现出水黾腿的超疏水特性（超强的不沾水特性）。正是这种超强的负载能力使得水黾在水面上行动自如，即使在狂风暴雨和急速流动的水流中也不会沉没。

蜜蜂的导向"罗盘"

人们发现蜜蜂的体内存在磁性的纳米粒子，这种磁性的纳米粒子具有"罗盘"的作用，可以为蜜蜂的活动导航。以前人们认为蜜蜂是利用北极星或通过摇摆舞向同伴传递信息来辨别方向的。最近，英国科学家发现，蜜蜂的腹部存在磁性纳米粒子，这种磁性粒子具有指南针功能，蜜蜂利用这种"罗盘"来确定其周围环境在自己头脑里的图像而判明方向。包括蜜蜂、海龟等在内的许多生物体内都存在着纳米尺寸的磁性颗粒。

为什么"白毛"可以"浮绿水"？

由于鸭及鹅类动物其羽毛上具有纳米颗粒的防水结构，故可浮于水上。鸭、鹅羽毛排列非常紧密，毛和毛之间的空隙有纳米尺寸那么小，因此，水分子没有办法穿过它们身上的羽毛而黏附在身上。

螃蟹原先并不"横行"

据生物科学家研究指出，人们非常熟悉的螃蟹原先并不像现在这样"横行"运动，而是像其他生物一样前后运动。这是因为亿万年前的螃蟹第一对触角里有几颗用于定向的磁性纳米微粒，就像是几只小指南针。螃蟹的祖先靠这种"指南针"堂堂正正地前进后退，行走自如。后来，由于地球的磁场发生了多次剧烈的倒转，使螃蟹体内的小磁粒失去了原来的定向作用，于是使它失去了前后行动的功能，变成了横行。

徽墨

徽墨（图6-33）用纳米级大小的松烟炱（即所谓"精烟徽墨"）和树胶及少量香料及水分制成，所以很名贵。

图6-33　徽墨

硅藻土

硅藻土（图6-34）上都是整齐排列的小孔，线纹小孔的直径在 20 ～ 100nm，所以硅藻土是天然的纳米孔材料。

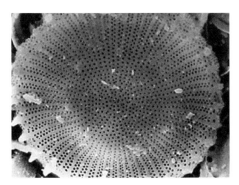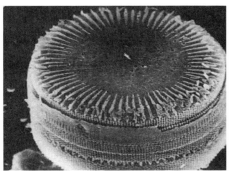

图6-34　硅藻土

纳米世界的深邃，可以说是奇妙不尽、奥妙无穷。

2.　微观世界的主人

我们平时常见的机器和工具，最小能够达到的程度，是以我们肉眼可以看见的外形为依据的。1986年，美国的德雷克斯勒博士在自己的著作《创造的发动机》中提出了分子纳米技术的概念。他所说的分子纳米技术，就是使组合分子的机器实用化，从而可以任意组合所有种类的分子，并可以做出任何种类的分子结构。他的观点是微型机器可以利用自然界中存在的所有廉价材料制造任何东西。这种观点显得太离奇了。但从另一个角度看，他却揭示了一个人类在21世纪中将会大进军的领域——微观机器人领域。

纳米技术是改变人类生产和生活模式的科技，纳米材料则在各个领域都有大量的应用前景（图6-35）。

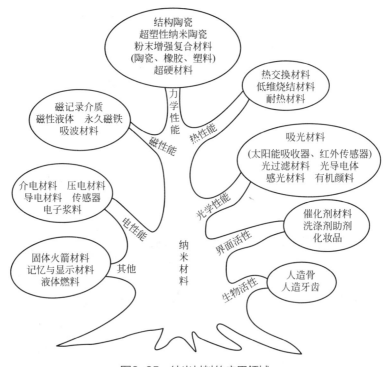

图6-35　纳米材料的应用领域

比如，传统的外科手术向无血的外科手术发展，再到利用纳米机器人的工作过程。

由于纳米机器人可以小到在人的血管中自由地游动，对于像脑血栓、动脉硬化等病灶，它们可以非常容易地予以清理，而不再用进行危险的开颅、开胸手术。在血管中运动的纳米机器人（图6-36），可以使用纳米切割机和真空吸尘器来清除血管中的沉积物。

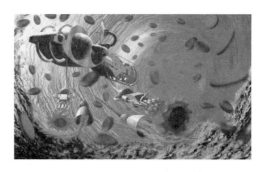

图6-36　清理血管的纳米机器人

无痛型纳米微针——打针不疼，不再是梦

用一个顶部带有金属片的笔形器械按压在皮肤上，启动开关，器械如按摩般振动，随后将一块药剂膜片贴在"按摩"过的皮肤上，"打针"便结束了。这就是用纳米技术制造的不会痛的微型针的功劳。如图6-37所示。

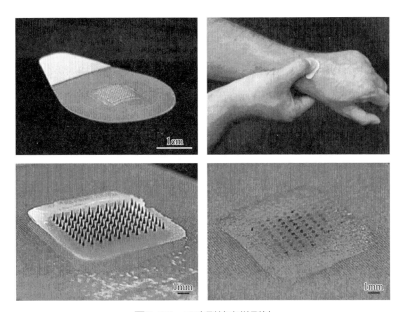

图6-37 无痛型纳米微型针

自己会"洗脸"的纳米玻璃

清洗玻璃是日常生活中一件麻烦事，现利用纳米技术研制成功了新型的"自净玻璃"，解决了这个令千家万户挠头的问题。新型玻璃会自动"洗脸""美容"，保持明净。

世界最安静的马达

图6-38中的这种马达主要是用纳米技术制造的智能材料代替传统的铜线圈和磁铁，只有传统电磁小马达体积的二十分之一，长度比火柴杆还短，却能负载4kg。

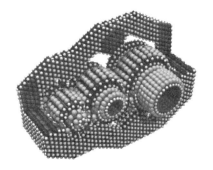

图6-38 纳米马达

纳米技术在军事上的应用

纳米微粒尺寸小，从而增加化学反应的接触面。因此，纳米材料可作为催化剂被广泛应用提高军事能源的使用效能。纳米镍粉作为火箭固体燃料反应催化剂，可使燃烧效率提高100倍；纳米炸药比常规炸药性能提高千百倍；纳米材料制成的燃油添加剂，可节省燃油，降低尾气排放。

"间谍草"是一种看似小草的微型探测器，其内装有敏感的超微电子侦察仪器、照相机和感应器，可侦测出百米以外的坦克、车辆等出动时产生的振动和声音，能自动定位、定向和进行移动，绕过各种障碍物。

"机器苍蝇"（图6-39）。它既能被飞机、火炮和步兵武器投放，也可以人工放置在敌军信息系统和武器系统附近，大批"机器苍蝇"可在某地区形成高效侦察监视网，大大提高战场信息获取量。如果再在它们身上安装某种极小的弹头，"苍蝇"无疑会变成"马蜂"。

图6-39　机器苍蝇

"蚊子导弹"（图6-40）。利用纳米技术制造的形如蚊子的微型导弹，可以起到神奇的战斗效能。纳米导弹直接受电波遥控，可以神不知鬼不觉地潜入目标内部，其威力足以炸毁敌方火炮、坦克、飞机、指挥部和弹药库。

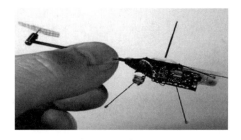

图6-40　蚊子导弹

"蚂蚁士兵"是一种通过声波控制的微型机器人，这些机器人比蚂蚁还要小，但具有惊人的破坏力。它们可以通过各种途径钻进敌方武器装备中，长期潜伏下来。一旦启用，这些"纳米士兵"就会各显神通，有的专门破坏敌方电子设备，使其短路、毁坏；有的充当爆破手，用特种炸药引爆目标；有的施放各种化学制剂，使敌方设备金属变脆、油料凝结或使敌方人员神经麻痹、失去战斗力。

"麻雀卫星"质量不足10kg，各种部件全部用纳米材料制造，一枚小型火箭一次就可以发射数百颗。若在太阳同步轨道上等间隔地部署648颗功能不同的"麻雀卫星"，就可以保证在任何时刻对地球上任何一点进行连续监视，即使少数失灵，整个卫星网络的工作也不会受影响。

如今用纳米级的材料所做成的各类物品，已经走进我们的家庭，相信在不久的将来，纳米技术还会继续给人们带来更多更大的惊喜，给我们更加舒适的生活空间。

虽然对纳米技术还存在争议，研究中还存在一些已知或未知的问题，我们毫不怀疑纳米技术改变这个世界的能力。只要合理使用，纳米技术会把我们的世界变得更美好！

6.7 古沙递捷音——光纤

1. 光纤小史

1870年的一天，英国物理学家丁达尔到皇家学会的演讲厅讲光的全反射原理，他做了一个简单的实验：在装满水的木桶上钻个孔，然后用灯从桶上边把水照亮。结果使观众们大吃一惊，人们看到，放光的水从水桶的小孔里流了出来，水流弯曲，光线也跟着弯曲，光居然被弯弯曲曲的水俘获了。

人们曾经发现，光能沿着从酒桶中喷出的细酒流传输；人们还发现，光能顺着弯曲的玻璃棒前进。这是为什么呢？难道光线不再沿直线前进了吗？这些现象引起了丁达尔的注意，经过他的研究，发现这是光的全反射作用，由于水等介质密度比周围的物质（如空气）大，即光从水中射向空气，当入射角大于某一角度时，折射光线消失，全部光线都反射回水中。表面上看，光好像在水流中弯曲前进。当时只是抱着"好看"心态的人们，没有一个人能想到，不到一个世纪，这种全反射造就了畅通无阻的全球通信。

人们造出一种透明度很高、粗细像蜘蛛丝一样的玻璃丝——玻璃纤维，当光线以合适的角度射入玻璃纤维时，光就沿着弯弯曲曲的玻璃纤维前进。由于这种纤维能够用来传输光线，所以称它为光导纤维。

光纤是光导纤维的简写。光纤是世界上最纯洁的玻璃，光纤技术结合了光的奇妙特质和玻璃的透明无瑕，它的出现彻底改变了世界。这种改变，主要体现在通信和传感两大方面。

首先是通信方面。人类通信活动的历史几乎和人类的历史一样悠久。自古以来，人类一直在追求一种技术，一种能够准确无误、迅捷简便地传递信息的技术。从古代的烽火狼烟、飞鸽快马，到现代的电话电报、互联网络，通信技术发生了翻天覆地的变化。三千年前，传递重要信息的唯一方式是靠人传递，然而速度太慢，紧急的消息通常要数月才能送达。后来人们利用烽火、狼烟传递重要消息。汉代大将军卫青和霍去病率领几十万大军出击，以烽火作为进军的信号，仅仅一天时间，就从河西传递到几千里外的辽东。然而，这种方式有着很严重的缺陷：首先，只有特定内容的信息才能被传递；其次，烽火狼烟等往往是贵族和军人的专利，普通人无权使用。

这种方式持续了数千年，直到十八世纪法国工程师Claude Chappe改变了这种情况。他建造了一系列的通信塔。每一座塔都有巨型的手臂，让附近的高塔都能够用望远镜很清楚地看到。通信塔的手臂放置在不同位置代表了不同的字母，这样依次传下去，200余公里的距离仅用2分钟便可完成一次信息传递。该系统在18世纪法国大革命中立下了汗马功劳。拿破仑将这套系统扩大到全法国及西班牙，据说他统治法国后的第一件事情，就是用这个系统通知全国他当上统治者了。尽管这个系统在雨天、雪天及有雾的天气不可靠，然而它仍是一个很大的突破。

不久之后，一项更棒的科技让Chappe的发明黯然失色，那就是电报，这一发明也宣告了电信时代的到来。无论晴雨，电报都可以夜以继日地工作，然而利用电报传递信息只限于陆地，海洋仍是个很大的障碍。为了解决这个难题，经过十多年努力，人们将铜缆铺设在海底，横跨整个大西洋。然而这种有线电报的缺陷在于：一条电缆只能送一条信息，再多的电线也满足不了人们日益增多的需求。根据这个情况，贝尔发明了多路传输，不久之后，他发明了电话。

1880年，贝尔又发明了光电话，在这个发明里，信息传输介质不是电线而是镜子和光。当人说话时，声音会使镜子颤动，在镜子上的光，会朝不同的方向反射，接收器根据不同方向的光，可以识别光信号并将之转化为电信号。这个发明开始了光通信的新篇章。而此时贝尔也提出了一个新问题，就是如何让光在有障碍物的条件下进行传输。

这种导光现象也曾有过不少应用，比如用于照明装饰和最初级的图像传送。然而，当时的社会没有准备好光通信，仍然是电通信的时代。人们发明了无线通信，收音机、电视的产生使电波传输发展达到了极致。然而还有个问题需要解决，当电磁波的频率越高，波长越短，传输的范围也就越短，不能进行有障碍物的通信，尽管可以借助通信卫星来解决，但是这个方法显然需要巨大的花费。

1958年激光的发明终于敲开了光通信的大门。激光是一种规则的光束，频率单一，光束可以准确地限制在极小的波长范围里。激光可以用来加工、切割，然而最受益的，就是光通信。激光可以很快地开关，因此可以传输容量极大的信息。

然而，仅仅依靠空间来进行光通信显然不能满足人们的要求，空间光通信稳定性很差，噪声很大，还涉及很多发射和接收器对准的问题，因此精度很低。此时人们想到制作一种能够透明的导光性极佳的线来传递光。既然水可以传输光，那么玻璃也一定可以。最先想到这个主意的，是医学家。他们将极细的玻璃纤维伸入到患者的胃部，来代替传统的胃镜。人们又想到一个方法，用更纯净的玻璃在玻璃纤维外做个包层，代替空气来束缚光。

2.　光纤通信的发展历程

从1876年发明电话到20世纪60年代末，通信线路是铜制导线。采用的8管同轴电缆加上金属护套，质量达4t/km，有色金属的消耗实在是太大。

1929年和1930年，美国的哈纳尔和德国的拉姆先后拉制出石英光纤且用于光线和图像的短距离传输。此时的光纤波导的理论和应用技术进展相当缓慢，主要原因是当时光纤损耗太大，达到几百甚至一千多分贝/公里（dB/km），这种光纤对通信是毫无用处的。

提到光纤，我们不得不说说高锟，一个华裔科学家，被称为"世界光纤之父"。1966年，高锟首次提出了光纤通信的概念，发表了著名的论文"光频率介质纤维表面波导"，明确提出通过改进制备工艺，减少原材料杂质，可使石英光纤的损耗大大下降，并有可能拉制出损耗低于20dB/km的光纤。高锟的工作是光纤通信领域的一个真正突破，具有里程碑意义。他明确了要解决的技术问题及其方法。

1970年，美国康宁公司三个员工设计了气相沉积法的雏形，他们在空心玻璃棒中涂上一层杂质，当玻璃棒受热被拉长时，杂质会收缩变成光纤纤芯。外层则是纯净的玻璃。这种不吸收光的纤芯可以降低传输的损耗。1973年，康宁公司制作出光纤损耗小于4dB/km的光纤。今天，光纤的损耗已经极低，接近了极限，小于0.2dB/km，非常适合长距离传输，它携带的数据量是几百根铜缆的信息量。

3. 光纤的组成及分类

光纤一般是由纤芯、包层和涂覆层构成的多层介质结构的对称圆柱体（图6-41）。

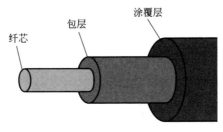

图6-41 光纤的结构

芯层 : SiO_2+Ge+F。

包层 : SiO_2+F。

涂覆层 : 丙烯酸树脂。

光纤实际是指由透明材料做成的纤芯和在它周围采用比纤芯的折射率稍低的材料做成的包层，并将射入纤芯的光信号，经包层界面反射，使光信号在纤芯中传播前进的媒体。

光纤的分类见图6-42。

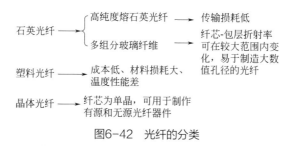

图6-42 光纤的分类

4. 光纤材料的应用

光导纤维最广泛的应用是在通信领域，即光导纤维通信。自20世纪60年代以来，由于在光源和光纤方面取得了重大的突破，使光通信获得异常迅速的发展。

医学上，光导纤维可以用作食管、直肠、膀胱、子宫、胃等深部探查内窥镜（胃镜、血管镜等）的光学元件，而且不必切开皮肉就可直接插入身体内部进行手术。在一个美国小镇上，曾经有一个重症病人急需手术，千里之外的医生通过利用光纤连接起来的设备，对患者进行隔空手术，并获得了成功。

在照明和光能传送方面，利用光导纤维短距离可以实现一个光源多点照明。

在工业方面，可传输激光进行机械加工，制成各种传感器用于测量压力、温度、流量、位移、光泽、颜色、产品缺陷等，也可用于工厂自动化、办公自动化、机器内及机器间的信号传送、光电开关、光敏元件等。

光纤传感器是把被测量转换为可测的光信号的装置，由光发送器、敏感元件（光纤或非光纤的）、光接收器、信号处理系统及光纤构成；可分为功能性光纤传感器和传光型光纤传感器。

光纤在传感技术方面，也极大地发挥了它的优势。光纤传感器有别于其他传感器的地方主要在于：抗电磁干扰、电绝缘、耐腐蚀、本质安全；测量对象十分广泛，而且测量时不影响被测对象；体积小、重量轻，灵敏度高，便于成网。正因为这些优点，光纤技术被广泛地应用在工业制造、土木工程、军用科技、环境保护、地质勘探、石油探测、生物医学等方面。

　　光纤还有个很大的优点，光在其中传输，受到电磁场的干扰很小。另外光纤提炼自最常见的砂石，造价极低。光纤和水不反应，很适于长距离铺设及架设在海底。

　　互联网的出现，使光纤发挥了它传输量巨大的优势。光纤到户就是一种光接入网的应用类型，它是无源网络，从局端到用户，中间基本上可以做到无源；它的带宽是比较宽的，长距离正好符合运营商的大规模运用方式，可以在很多方面发挥它的用途。

　　光纤技术是目前世界上发展最快的领域之一。随着科技的发展，我们将利用光纤发现更多新奇的用途。当然光纤技术不是完美无缺的，光纤技术自身有很多问题，诸如机械强度低等等。然而，随着科技的进步，人类必将会研制出更先进的通信材料，那会是更全新的科技革命。

6.8　横空出世　"烯"望无限——探秘"神奇材料"石墨烯

　　从被比喻为最接近科幻名作《三体》中的"二向箔"的神秘物质，到被预言能改变21世纪的"神奇材料"，石墨烯（图6-43）正从实验室走进百姓生活。

　　这一"横空出世"的新材料到底神奇在哪里？能给我们的生活带来怎样的变化？何时才能迎来属于它的大时代？我们现在就来揭开石墨烯的神秘面纱。

图6-43　石墨烯结构

1.　石墨烯为何方神圣？

　　石墨烯，实际就是从石墨中剥离出来、由碳原子组成的只有一层原子厚度的二维晶体。铅笔芯用的石墨就相当于无数层石墨烯叠在一起。

听起来稀松平常的石墨烯，却有诸多独一无二的特性。通俗来说，目前自然界中，这东西最薄、最结实，导电性极好，在工业领域中应用广泛（图6-44）。

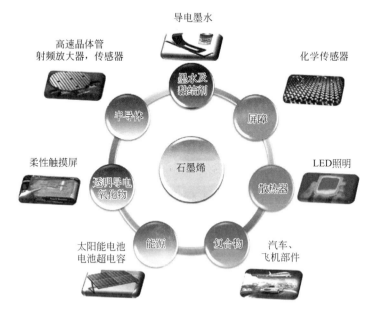

图6-44 石墨烯的应用领域

2. 石墨烯的性质

电阻率小、透明度高、导热性好、电子传导速率最快、结构稳定、高机械强度和弹性。

石墨烯的发现者、2010年诺贝尔物理学奖获得者安德烈·海姆这样描述石墨烯：可以被无限拉伸，弯曲到很大角度不断裂，可以抵抗很高的压力，同时还有着非同寻常的导热性和导电性。

"石墨烯电阻率极低，电子能在其中极为高效地移动，这使得石墨烯有非常好的导电性。"如果将石墨烯与电子元件、电子设备进一步结合使用，可以增强储电设备的储电率，提高储电性能。

虽然只有一个原子的厚度，但石墨烯却是非常强韧的材料。通俗地讲，它强过钻石，"秒杀"钢铁。同时它又有很好的弹性，拉伸幅度能达到自身尺寸的20%。如果用$1m^2$的石墨烯做成吊床，本身重量不足1mg，可以承受1kg的重物。

石墨烯还具有"针插不进、水泼不进"的零渗透特性。如果给船体涂上石墨烯涂层，就好像穿上防腐"铠甲"；如果发生化学品火灾，一张石墨烯薄膜可以把火灭掉。

石墨烯的惊奇之处还远不止此。1g重的石墨烯展开后面积约为2630m^2。这么大的比表面积使其拥有超强的吸附性，可以用它做过滤装置，用于海水淡化、污水处理等领域。

3.与生产生活接轨，"烯"望无限

随着科研发展，目前，石墨烯系列产品开始走入生产、生活。LED用高导热石墨烯复合材料、石墨烯防弹材料、石墨烯电池等产品目前已经推出。

利用石墨烯特性研发的新型防弹衣，防弹插板只需17mm就能达到甚至超过传统产品的防弹效果，重量还可减轻20%。

利用石墨烯良好的导电性、散热性和材质坚固性，石墨烯导静电轮胎可以避免普通轮胎与地面摩擦产生的静电，从而避免装有易爆品等危险品的车辆发生爆炸。

在石墨烯的诸多应用中，最受普通大众关注和期待的，是它改变手机等电子设备产品功能的可能性。智能手机刚出现的时候，长时间通话、玩游戏，手机就会发烫，如今这一问题基本解决——因为石墨烯材料极好的导热性得到了应用，可采用石墨烯进行散热。

石墨烯另一个备受期待的贡献就是改进锂离子电池性能。简单讲，在锂离子电池中加入石墨烯复合导电粉末，充电更快、容量更大、寿命更长。这有望让手机"秒充"、电动汽车告别几小时充电成为现实。

被科学家预言将"彻底改变21世纪"的石墨烯，还有什么令人期待？

未来，石墨烯将在航空航天、武器装备、重大基础设施，以及新能源、节能环保、电子信息等领域有广泛应用。而石墨烯薄膜、石墨烯功能纤维的穿戴产品的开发，也让这一新材料更好地服务民生。

虽然前景美好、"烯"望无限，但不得不承认，石墨烯产业发展仍有诸多短板亟待补齐。

第7章
材料发展带来
的影响

7.1　百年难解的白色恐怖——塑料

我们用过的大量农用薄膜、包装用的塑料袋和一次性塑料餐具在使用后被抛弃在环境中，给景观和环境带来很大破坏。由于塑料包装物大多呈白色，它们造成的环境污染被称为白色污染。

让我们去探讨百年难解的白色恐怖——塑料吧！

我们的地球本该如此美丽（图7-1）……

图7-1　美丽的地球环境

可是，可怕的白色污染导致现在却是如此（图7-2）……

图7-2　污染的地球环境

1. 什么是"白色污染"？

白色污染是人们对难降解的塑料垃圾（多指塑料袋）污染环境现象的一种形象称谓。它是指用聚苯乙烯、聚丙烯、聚氯乙烯等高分子化合物制成的各类生活塑料制品使用后被弃置成为固体废物，由于随意乱丢乱扔，难以降解处理，以致城市环境严重污染的现象。

2.　危害

（1）视觉污染

在城市、旅游区、水体和道路旁，散落的废旧塑料包装物给人们的视觉带来不良刺激，影响城市、风景点的整体美感，破坏市容、景观，由此造成"视觉污染"。

（2）潜在危害

侵占土地过多。塑料类垃圾在自然界停留的时间很长，一般可达100～200年。

污染空气。塑料、纸屑和粉尘随风飞扬。

污染水体。河、海水面上漂着的塑料瓶和饭盒，水面上方树枝上挂着的塑料袋等，不仅造成环境污染，而且如果动物误食了白色垃圾会伤及健康，甚至会因其绞在消化道中无法消化而活活饿死。

火灾隐患。白色垃圾几乎都是可燃物，在天然堆放过程中会产生甲烷等可燃气体，遇明火或自燃易引起的火灾事故，时常造成重大损失。

也可能成为有害生物的巢穴，为其提供食物、栖息和繁殖的场所。

3.　白色污染对策

遵循"以宣传教育为先导，以强化管理为核心，以回收利用为主要手段，以替代产品为补充措施"的原则。

具体我们该怎么做呢？

① 提高人们对"白色污染"危害的认识。养成良好的卫生习惯。在自身严格遵守环保法规的同时，积极制止身边的不良行为。

② 强化管理大量产生废旧塑料包装物的行业（如铁路、水运、民航、旅游、饭店、餐饮、零售等），改变无人负责、无序堆放、随意抛弃的现象。

③ 提高废旧塑料包装物回收利用率。

④ 加强替代包装产品的开发、研究，努力减少废旧塑料包装物的产生量。

⑤ 少用塑料袋，多用布袋和篮子，减少生活垃圾。

4. 塑料袋的毒性及其鉴别方法

无毒的塑料袋一般是用聚乙烯做的，故可用于盛装食品。

还有一种薄膜为聚氯乙烯制成，聚氯乙烯本身也无毒性，聚氯乙烯树脂中有未聚合的氯乙烯单体，这是一种对人体会产生毒害的化合物。另外，在聚氯乙烯树脂被加工成塑料袋的过程中，还要加入一些增塑剂、稳定剂、颜料等辅助材料，而有些辅助材料又是有毒的，这些有毒性的物质在塑料袋使用过程中又容易被食品中的油或水抽提出来，和食品一起吃下去，对人体健康是有害的。所以这类薄膜及由该薄膜做的塑料袋均不宜用来盛装食品。

鉴别的简单方法：

① 用水检测法：把塑料袋放入水中，无毒塑料袋放入水中后，可浮出水面，而有毒塑料袋是不向上浮的。

这是网络上流传的对有毒无毒塑料袋的鉴别方法，但根据实验得出结论：根据此法并无法分辨环保塑料袋和超薄塑料袋。其实，塑料袋本身重量轻，简单依靠水中沉浮这一物理现象，对物质结构进行检测，很难判断准确。不过这一方法可以分辨聚乙烯和聚氯乙烯塑料袋，聚乙烯密度大概是 $0.9g/cm^3$，而聚氯乙烯为 $1.3g/cm^3$ 左右。

② 火烧检测法：可以把塑料袋剪去一条边，用火烧，有毒的不易燃烧，无毒的遇火容易燃烧。

有色薄塑料袋点燃后不久火焰就熄灭了，且边缘焦黑，味道呛人。

环保袋迅速燃烧，且味道轻微。

③ 抖动检测法：用手抓住塑料袋一端，用力抖一下，发出清脆声者无毒，反之则有毒。

也可用手触检测法：用手触摸塑料袋，有润滑感者无毒，否则有毒。

不过这类方法靠的是经验，有时候不是很准确。

塑料袋在使用过程中有没有毒害，同使用方法也有关系。有些食品袋外面印着商标等印花，如果使用时把食品袋翻过来，让食品沾上这些颜料，则是不安全的。

五颜六色的彩色塑料袋，更是含有大量毒素。彩色塑料袋大多属于再生塑料袋，使用的着色剂通常含有苯并芘，是一种很强的致癌物质，与食品接触后，可能会转移到食品中，使人慢性中毒。

地球对我们的爱护是无微不至的，可是我们是怎样报答地球对我们的爱护呢？作为地球的子女，我们做得够不够好？

让我们共同行动起来，少用一个塑料袋，少用一个塑料餐盒，树立文明风尚。杜绝乱扔现象，用我们的真心和爱心，保护我们的地球，保护我们共有的环境。

7.2　地球污染的超级公害——电池

1939 年 11 月 9 日，日本神奈川县某脑科医院收留了一名神志不清的男子。这名男子发病初期时只是原因不明地面部浮肿，3 天后浮肿蔓延至脚部，第 8 天开始视力减退，自言自语，不断哭泣，后发展为意识不清，人们都认为他"疯了"。这名男子被送进医院后，终于在极度痛苦中，因心力衰竭死亡。无独有偶，此后，与死者同村居住的人中又接二连三地出现了 15 名同样症状的"疯子"。这不得不引起了医学研究人员的注意。经过神奈川县卫生研究所的调查和尸体解剖，断定这些"疯子"都死于重金属中毒。

事发后，日本有关部门对这一事件进行了详细的调查，发现死者生前都饮用了某商店周围 3 口水井的水。其中饮用 1 号水井的 8 个人全部发病。在对水井进行调查时，令人震惊的是，竟然在距 1 号水井 5 米内的地方挖出了 380 节已腐烂的废电池！追根溯源，最后弄清这 380 节废电池是该商店在卖出新电池后，把顾客丢下的废电池集中埋在了后院，致使周围井水污染，从而导致了这场悲剧。

电池给我们的生活带来了便利，我们已经离不开电池了，可用完的电池你是怎么处理的？你知道一粒小小的纽扣电池有多大的危害吗？你听说过痛痛病、水俣病吗？知道它们都是如何引起的吗？

1. 电池的种类及主要成分

电池主要有：一次电池（包括纽扣电池、普通锌锰干电池和碱电池，多含汞）；二次电池（主要指充电电池，其中含有重金属镉）；汽车电池（其中含有酸和重金属铅）。

2. 废电池对人体的危害

废旧电池的危害主要集中在其中所含的少量的重金属上，如铅、汞、镉、锰等。

铅：神经系统（神经衰弱、手足麻木）、消化系统（消化不良、腹部绞痛）、血液中毒和其他病变。

汞：精神状态改变是汞中毒的一大症状，如脉搏加快、肌肉颤动、口腔和消化系统病变。

镉、锰：主要危害神经系统。

对环境而言，一粒小小的纽扣电池可污染 $600m^3$ 水，相当于一个人一生的饮水量；一节干电池可污染 $12m^3$ 水、$1m^3$ 土壤，并造成永久性危害……（相信许多人至今还认为，抛掉一节电池乃小事一桩！）

对人而言，通过食物链传递，重金属容易在人体内积蓄，随时间的推移，到一定量之后，会导致人体产生致畸或致变作用，对人的身体产生严重的影响。

"痛痛病"和"水俣病"都是在日本发生的工业公害病。这是由于含有镉或汞的工业废水污染了土壤和水源，进入了人类的食物链。"水俣病"是汞中毒，患者由于体内大量积蓄甲基汞而发生脑中枢神经和末梢神经损害，轻者手足麻痹，重者死亡。"痛痛病"是镉中毒，患者手足疼痛，全身各处都很易发生骨折，得这种病的人都一直喊着"痛啊！痛啊！"，直到死去，所以被叫作"痛痛病"。由于普通干电池里都含有这两种有毒元素，所以说电池从生产到废弃，时刻都潜伏着污染。电池的回收势在必行！

3. 如何处理废旧电池？

首先，加强对废电池危害的宣传。努力扩大有关"废电池的危害"的宣传，使人们能够正确认识废电池的危害，把回收废旧电池的活动成为人们的自觉行为。

其次，做好废旧电池的回收。

① 不再集中回收一次性碱性电池，从2005年4月1日开始，我国实施的新《固体废物污染环境防治法》规定，市场允许销售的一次性碱性电池基本上是无汞和低汞电池，在目前缺乏有效回收的技术经济条件下，国家已不鼓励集中收集废旧一次性碱性电池。人们常用的五号、七号碱性电池已经达到了低汞或无汞化的生产标准，分散处置不会对环境构成污染，但集中起来处理更麻烦。

碱性电池和碳性电池对环境的危害大不相同。碳性电池含有汞、镉、镍、铅等多种有害成分，对环境危害较大。碱性电池中有害成分含量远远低于碳性电池，对环境的危害大大减小。虽然碱性电池价格为碳性电池的2～3倍，电量却是碳性电池的6～8倍。随着碱性电池的不断推广，电池污染的问题也将得到极大的改善。

② 废电池的回收重点是镉镍电池、氢镍电池、锂离子电池、铅酸蓄电池等废弃的可充电电池和氧化银等废弃的扣式一次电池。这类电池含有镉、铅、砷重金属等有害物质，危险极大，必须送到处置场集中处理。

如果废旧电池处置不当，将成为危害我们生存环境的一大杀手！关爱环境，参与废旧电池的回收利用是我们每个人的责任和义务。让我们行动起来！

7.3　让我们聊聊甲醛杀手的那些事

在装修污染中，甲醛绝对是"头号杀手"，记忆力下降、工作效率低、情绪反常、食欲不振，如果身体有这些症状要警惕哦，也许不是你生病了，而是甲醛中毒！对于装修中无处不在的甲醛，我们的认识真的全面和正确么？甲醛挥发期真的都是3～15年？怎样去除装修甲醛呢？

室内装修污染给环境和人们的身体健康带来的危害之大是众所周知的，但是人们为了提高居住和办公环境水平，装修又是不可避免的。据有关统计，目前接诊的白血病患儿中，90%的家庭在半年之内曾经装修过，而甲醛则成为家装污染的"第一毒手"。

1. 甲醛是什么？

甲醛是一种无色、有强烈刺激性气味的气体，相对密度1.067（空气=1），易溶于水、醇和醚。甲醛在常温下是气态，通常以水溶液形式出现，35% ～ 40%的甲醛水溶液叫作福尔马林。甲醛已被世界卫生组织国际癌症研究机构确定为1类致癌物。

2. 甲醛高危的原因是什么？

甲醛作为一种高危的气体，会给我们带来身体上的危害，其最大的原因就是因为甲醛具有易挥发（随着室内的温度和湿度变化，挥发程度不同）、释放期长（具有3 ～ 15年的释放期）、来源广泛（室内装修、各种家具、吸烟产生的烟雾等）这三个特点。

3. 室内空气中甲醛的来源

目前市场上的各种刨花板、中密度纤维板、胶合板、细木工板、中密度纤维板等中均使用以甲醛为主要成分的黏合剂。贴墙布、贴墙纸、化纤地毯、泡沫塑料、油漆和涂料等装修材料，新的组合家具，墙面、地面的装修辅助设备中也都要使用此类黏合剂。

甲醛还可来自化妆品、清洁剂、杀虫剂、消毒剂、防腐剂、印刷油墨、纸张等。作为人类最早使用的防腐剂品种，甲醛因其高效的杀菌效果有着广泛的应用。此外甲醛可以增强衣物的抗皱性能、防水防火性能；可以让纸巾、一次性杯盘和硬塑料碟盘等产品更具韧性，吸水性也更强。在生活中用到甲醛的消费品包括牛奶盒、报纸、香水、洗发水、唇膏、牙膏、香料、空气清新剂、杀菌剂等。

4. 你可能误解了"甲醛先生"

误区 1：新房新家装修后有异味，几乎是所有人都知道的事情，但是异味就是来自甲醛吗？

这点是不对的。

新家刚装修完有异味，是因为刚装修完的室内很多污染源的污染物都在大量挥发，其中有味道的污染物还有苯、甲苯、二甲苯等。

误区 2：分不清长期释放的甲醛与短期挥发的甲醛的区别。

说起甲醛污染，大部分消费者都会说，甲醛挥发期 3 ～ 15 年太长了，真的是所有的甲醛污染释放源都是 3 ～ 15 年吗？其实不然，甲醛的污染释放源有长期释放源和短期释放源。

甲醛的长期释放源包括装修用的各种人造板、人造板家具、复合地板等，其中含有的甲醛挥发期可达到 3 ～ 15 年之久，是必须要通过有效的治理进行解决的。

甲醛的短期释放源包括窗帘、壁纸、床垫及油漆面中的甲醛等，其中含有的甲醛挥发期基本在 1 年左右。这些物品中的甲醛一般含量不高、挥发期不长，相对容易处理。

误区 3：地板、墙壁是甲醛的主要污染源？

许多人都担心买的地板有问题，是造成甲醛污染的主要污染源，其实这方面我们要具体看待，不应该一概而论。

地板有实木、实木复合、强化复合等三大类。实木地板没有甲醛的问题，我们在此不多说，具体看看另外两类复合地板。复合地板的基材都是用脲醛树脂胶制作的高密度纤维板，或三层、多层胶合板等人造板。

强化复合地板的基材多为高密度板纤维板，表面为耐磨层，背面有 PVC 平衡层，甲醛主要从两端释放出来，释放量相对较小，正规厂家合格的强化复合地板虽然会造成室内甲醛污染，但甲醛污染的浓度在国家标准规定的限制范围内，一般不会超标。

实木复合地板的材质为胶合板，有三层和多层胶合板两种，表面涂刷油漆，甲醛释放不出来，背面没有封闭处理（个别品牌厂商会进行封闭处理），甲醛从背面及端面释放出来，即使是符合国家环保标准的E1级胶合板制作的实木复合地板，一到夏季，室内甲醛也会超过国家规定的甲醛浓度标准。

墙壁多数情况会涂刷乳胶漆，在短期内会存在挥发性有机化合物（VOC）和少量甲醛的问题。但是会存在另外一个问题——那就是吸附甲醛等污染物，因为墙壁不仅表面积很大，而且具有吸附能力，在门窗关闭或通风不畅的情况下，其他污染源释放出来的甲醛会被墙壁吸附，当通风降低了室内空气中的甲醛浓度后，墙壁吸附的甲醛就会释放到空气中来，形成二次污染。因此，墙壁在涂刷乳胶漆的短期内会是甲醛的一个释放源，但不是主要的，后期会成为一个二次甲醛污染源。

误区4：指接板（齿接板）是实木，没有甲醛污染？

很多板材厂商或家具销售人员都告诉消费者说，指接木是实木，其实是不对的——指接木是人造板。

首先，指接木是人造板的一种。指接木又叫指接板，是由接木机器将一根根木头拼接在一起形成板材，具体工序是将中短建筑木材梳齿、开榫、拼接。它是将建筑木材纵向胶合并接制成长尺寸规格相同的人造板材，以便提高木材利用率，降低成本。

其次，既然是人造板材，那么就存在使用脲醛树脂胶进行黏合拼接，使用了脲醛树脂就会有甲醛的污染问题。只是相比于其他的人造板材，指接木的甲醛污染会小一些而已。

误区5：竹地板没有甲醛污染。

竹地板在制作过程中也是需要用到黏合剂的。因此竹地板也不是绝对的环保，也是有一定的甲醛含量的。

误区6：重视厨房甲醛，不重视卧室甲醛。

在室内的功能区中，卧室的甲醛问题是我们应该首先重视的，因为我们在卧室的时间最长，而且卧室是我们的核心功能区，多数情况下放置的物品较多，容易出现甲醛污染问题。

很多时候，我们厨房的面积不大，而且随着整体橱柜的普及，厨房内的甲醛污染程度也是很高的，但是相比卧室的重要程度而言，厨房的甲醛是次要的。因为我们每天在厨房的时间不长，而且我们在进行炒菜做饭的时候都会开启油烟机进行排风，有利于室内空气中的污染物排放稀释。

5.　甲醛的危害主要有哪些?

甲醛对人体生理系统最大的危害就是具有刺激性、毒性和致癌性，图7-3是其可能诱发的疾病。

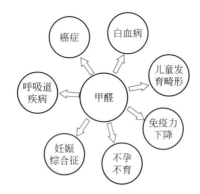

图7-3　室内甲醛超标可能诱发的疾病

（1）刺激性

可对眼睛、皮肤、黏膜等起到刺激作用，导致人体眼睛疼或流泪、诱发皮炎等症状。

（2）毒性

对眼部、呼吸系统、神经系统和免疫系统都具有一定的毒性。

（3）致癌性

甲醛属于致癌物，是诱发肿瘤的危险因素之一，长期接触可能诱发鼻咽癌、脑瘤、细胞核的基因突变、白血病等。

6.　如何判断是否甲醛中毒?

通常当我们进入装修完毕的室内时，会闻到室内有异味并感觉到身体有点不适，这就属于轻微的甲醛中毒症状。国家规定家庭甲醛的释放国家标准，只有室内甲醛量小于等于0.08mg/m^3，普通人才会无法明显感觉到它的存在，以下症状也可以辅助判断是否甲醛中毒。

① 眼睛流泪、视物模糊。

② 嗓子不舒服，有异物感。

③ 记忆力下降、工作效率低、情绪反常、食欲不振。

④ 室内植物无法成活，宠物也莫名其妙死亡。

7.　甲醛主要会对哪些人群造成影响？

对于长期待在室内工作的人员会有严重的健康威胁；对于免疫力较低的儿童、孕妇、老人等危害更为严重。

8.　预防甲醛污染的手段是什么？

① 装修前选材用料：甲醛一般包含在胶里，如人造板材、各类老化的塑料等等，新式家具的制作，墙面、地面的装饰铺设，都要使用黏合剂。凡是大量使用黏合剂的地方，总会有甲醛释放。因而在选材的时候，最好选择实木家具或者金属类门窗等。在不得已用到黏合剂的时候，尽量使用环保级别高的、释放甲醛少的。

② 装修后通风法减少甲醛：在装修后，橱柜、木门、木质家具都进入房子后，需要开大窗通风，最好是所有的窗门都打开，让空气对流，做好室内的甲醛扩散，在通风散味的时候，一般不建议立马就入住，通风法是快速驱散大浓度甲醛的办法。

③ 吸附方法：新装修的房子及新制作的家具，可通过放置空气净化用炭包的方式，以吸附室内刺激性味道及有害物质，此种方法也只是能在短期内减少甲醛。

④ 时常检测甲醛：室内甲醛含量是有健康标准的，为了防止出现危害，建议在入住前做好室内甲醛的检测，以及时利用以上方法应对。且需要有科学的检测，不能只凭借感觉而过度担心甲醛的危害。

而在室内放橘子皮、菠萝、食醋、茶叶以及点燃蜡烛、喷空气清新剂等等对甲醛等有害气体的减少完全是无效的。

为了你的健康着想，最后再提醒一下，甲醛在衣物当中起着抗皱、染色等作用，因此那些看起来面料花哨或是颜色太深的衣物之中，甲醛的含量也就越高，对人体的危害也就越大。所以新买的衣服穿前要记得洗一下哦，这样就能减少甲醛等有毒有害化学物质。

甲醛存在于生活中的方方面面，在低浓度下，其对人危害较小。但如果甲醛超标了，将给人尤其是孩子带来非常大的健康威胁。知己知彼，百战不殆。只有了解清楚了甲醛这个危害健康的"头号杀手"，我们才有可能针对它采取尽量有效的措施。

7.4　芳香杀手——苯

在装修污染中，苯是仅次于甲醛的"二号杀手"，医学界公认苯可以诱发白血病和再生障碍性贫血。

因装修引起的爆炸事件也屡屡发生，事故的主要原因是装修时所用的油漆稀料中的苯挥发后引起爆炸。

1.　苯到底是什么？

苯是一种无色具有特殊芳香气味的液体，沸点为80.1℃，甲苯、二甲苯属于苯的同系物，都是煤焦油分馏或石油的裂解产物。目前室内装饰中多用甲苯、二甲苯代替纯苯作各种胶、油漆、涂料和防水材料的溶剂或稀释剂。

苯具有易挥发、易燃、蒸气有爆炸性的特点。人在短时间内吸入高浓度的甲苯、二甲苯时，可出现中枢神经系统麻醉作用，轻者有头晕、头痛、恶心、胸闷、乏力、意识模糊，严重者可致昏迷，乃至呼吸、循环衰竭而死亡。

如果长期接触一定浓度的甲苯、二甲苯会引起慢性中毒，可出现头痛、失眠、精神萎靡、记忆力减退等神经衰弱样症状。苯化合物已经被世界卫生组织确定为强烈致癌物质。

2.　居室中苯的来源

家庭和写字楼里的苯主要来自建筑装饰中使用的大量化工原材料，如涂料、填料及各种有机溶剂等，都含有大量的有机化合物，经装修后挥发到室内。主要在以下几种装饰材料中较高：

① 油漆。苯化合物主要从油漆中挥发出来，苯、甲苯、二甲苯是油漆中不可缺少的溶剂。

② 各种油漆涂料的添加剂和稀释剂。苯在各种建筑装饰材料的有机溶剂中大量存在，比如装修中俗称的天那水和稀料，主要成分都是苯、甲苯、二甲苯。

③ 各种胶黏剂。特别是溶剂型胶黏剂在装饰行业仍有一定市场，而其中使用的溶剂多数为甲苯，其中含有30%以上的苯，但因为价格、溶解性、黏结性等原因，还被一些企业采用。一些家庭购买的沙发释放出大量的苯，主要原因是在生产中使用了含苯高的胶黏剂。

3. 苯对人体都有哪些危害？

① 慢性苯中毒：主要对皮肤、眼睛和上呼吸道有刺激作用。经常接触苯，皮肤可能因脱脂而变干燥、脱屑，有的出现过敏性湿疹。

② 长期吸入苯会诱发再生障碍性贫血。初期时齿龈和鼻黏膜处有类似坏血病的出血症，并出现神经衰弱样症状，表现为头昏、失眠、乏力、记忆力减退、思维及判断能力降低等症状。以后出现白细胞减少和血小板减少，严重时可使骨髓造血功能发生障碍，导致再生障碍性贫血。若造血功能被完全破坏，可发生粒细胞减少症，并可能引起白血病。近些年来很多劳动卫生学资料表明：长期接触苯系混合物的工人中再生障碍性贫血罹患率较高。

③ 女性对苯及其同系物的危害较男性敏感，甲苯、二甲苯对生殖功能亦有一定影响。育龄妇女长期吸入苯还会诱发月经异常，主要表现为月经过多或紊乱，专家统计发现接触甲苯的实验室工作人员和工人的自然流产率明显增高。

④ 苯可诱发胎儿的先天性缺陷。这个问题已经引起了国内外专家的关注。曾有报道，在整个妊娠期间吸入大量甲苯的妇女，她们所生的婴儿多有小头畸形、中枢神经系统功能障碍及生长发育迟缓等缺陷。进行的动物实验也证明，甲苯可通过胎盘进入胎儿体内，胎鼠血中甲苯含量可达母鼠血中的75%，胎鼠会出现出生体重下降、骨化延迟。

4.　怎样防止室内空气中苯的危害？

① 装饰材料的选择。装修中尽量采用符合国家标准的和污染少的装修材料，这是降低室内空气中苯含量的根本。比如选用正规厂家生产的油漆、胶和涂料，选用无污染或者少污染的水性材料。

同时提醒大家注意对胶黏剂的选择，因为目前建筑装饰行业各种规定中，没有对使用胶黏剂的规定，普通百姓又没有经验，装饰公司想用什么就用什么，容易被忽视。

② 施工工艺的选择。有的装饰公司在施工中采用油漆代替107胶封闭墙面的做法，结果增加了室内空气中苯的含量；还有的在油漆和做防水时，施工工艺不规范，使得室内空气中苯含量大大增高，有的居民反映，一家装修，全楼都是味，而且这种空气中的高浓度苯十分危险，不但会使人中毒，还很容易发生爆炸和火灾。

③ 保持室内空气的净化。这是清除室内有害气体行之有效的办法，可选用确有效果的室内空气净化器和空气换气装置。或者在室外空气好的时候打开窗户通风，有利于室内有害气体散发和排出。

④ 装修后的居室不宜立即迁入。居室装修完成后，使房屋保持良好的通风环境，待苯及有机化合物释放一段时间后再居住。

⑤ 应加强施工工人的劳动保护工作。有苯、甲苯和二甲苯挥发的作业，应尽量注意通风换气。以减少工作场所空气中苯对人体的危害。另外不能在使用苯的环境里面吸烟，要不然容易引起爆炸。

7.5　隐形杀手——氡

一提起室内"杀手"，大家就会想到甲醛、苯、二甲苯等，却不知氡，这个看不见、摸不着、自然界中最重的气体却是一个隐身的"杀手"，国际癌症研究机构将其列入室内主要致癌物，研究数据显示，氡污染在肺癌诱因中仅次于吸烟排在第二位。那么这个"隐形杀手"离我们有多远呢？

关于氡的消息频频见诸报端：远的有"美国由于氡污染每年致死二万一千人，超过了艾滋病每年的致死人数""加拿大7%住所内氡含量超标"，近的有我国相关部门抽检也发现有数种品牌批次的瓷砖放射性元素氡超标。

1. 氡是种什么样的物质？

氡是一种具有放射性的天然物质，无色无味，具有易扩散、溶于水，且极易溶于脂肪的特点。氡由镭经过衰变而产生，进入人体呼吸道后，在体内对人造成辐射。如果人体长期吸入大量的氡，还会影响人的神经系统，使人精神不振，而其在人体内部的辐射会使细胞发生异变，不仅会增加患癌尤其是肺癌、败血症等疾病的可能，而且会因为对人体细胞的机质性损伤带来对子女甚至第三代的潜在伤害。

有个形象的说明：如果生活在室内氡浓度$200Bq/m^3$（Bq，贝克，辐射计量单位）的环境中，相当于每人每天吸烟十五根。

2. 氡来自哪里？又藏身何处？

氡的分布很广，每天都在你的周围，它存在于家家户户的房间里。据检测，美国几乎有十五分之一的家庭氡含量较高。值得一提的是，室内氡还具有明显的季节变化，研究发现，室内氡浓度冬季最高，夏季最低。

了解室内高浓度氡的来源，有助于我们对氡的认识和防治。室内氡的来源主要有以下几个方面（见图7-4）：

① 从房基土壤中析出的氡。在地层深处含有铀、镭、钍的土壤、岩石中，可以发现高浓度的氡。这些氡可以通过地层断裂带，进入土壤和大气层。建筑物建在上面，氡就会沿着地的裂缝扩散到室内。检测表明，三层以下住房室内氡含量较高。

② 从建筑材料中析出的氡。建筑材料是室内氡的最主要来源，特别是一些矿渣砖、炉渣砖等建筑材料以及花岗岩、瓷砖等室内装饰材料，通常都含有不同程度的镭和铀。

③ 从户外空气中进入室内的氡。在室外空气中，氡被稀释到很低的浓度，几乎对人体不构成威胁。可是一旦进入室内，就会在大量地积聚。

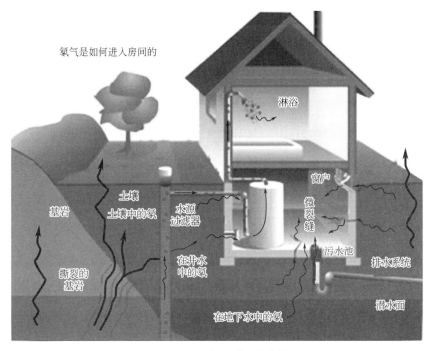

图7-4　氡是如何进入室内的

④ 从供水及用于取暖和厨房设备的天然气中释放出的氡。这方面，只有水和天然气的含量比较高时才会有危害。

我们在日常生活中怎样才能准确知道室内氡浓度水平呢？

地下室、别墅、封闭性较强的办公楼，室内氡浓度容易偏高。而在装修材料中，花岗岩的含氡量最高，不过近年来国家禁止用花岗岩作为装修材料后，家庭装修中所用的大理石、合格的陶瓷等含氡量都很低。

3.　怎样降低氡的含量以及如何预防?

① 在建房前进行地基选择时，有条件的可先请有关部门做氡的测试，然后采取降氡措施，个人购买住房时，应考虑这个因素。

② 建筑材料的选择。在建筑施工和居室装饰装修时，尽量按照国家标准选用低放射性的建筑和装饰材料。请有关部门进行检测，这种做法应该提倡。

③ 做好室内的通风换气，这是降低室内氡浓度最简单和有效的方法。据试验，一间氡浓度在151贝克/立方米的房间，开窗通风1小时后，室内氡浓度就降为48贝克/立方米。

4. 对氡认识的误区

误区1：氡致病致癌时间要很长。

氡致病与致癌是两个概念。在装修的环境下，氡致肺癌一般时间较长，少则几年，多则几十年，而氡致病则时间可能较短，少则数天，多则几个月。

误区2：氡可以治病杀菌。

有人认为氡可以治病杀菌，不能称为"杀手"，这是错误的。

剂量决定了毒性，简单地说就是，本来有毒有害的物质，当剂量减低到一定程度，可以产生有利的效应。而当浓度高时就会显现"杀手"本色。

误区3：室内氡浓度很低。

放射性与氡存在于一切物质之中，这是客观规律，问题的实质并不是有没有氡，而是浓度是否偏高。氡对人可能造成伤害，如果知道如何选择建材和防护，可以说没什么可怕的。

误区4：只要室内氡不超标，不必评价建材是否超标。

自然界存在着一些不成系列、也不产生氡的放射性核素，它们往往存在于花岗石、陶瓷砖和建筑用沙中，同样能产生高的放射性，因此必须对这些建材进行严格地评价。

正确的是：放射性不超标，就不可能有超标氡；放射性超标，可能产生超标氡，也可能不产生超标氡。

误区5：天然大理石有高含量的氡。

天然大理石是由放射性很低的石灰岩，经高温高压变质而来的，所以其放射性和氡一般都很低。放射性很低的还有玄武岩和辉绿岩等，而放射性偏高或高的有偏红的和偏绿的花岗石和陶瓷砖以及部分的砂岩和板页岩等。

误区6：氡随时间而消失。

在有镭存在的建材中，氡是不可能消失的，几乎所有的防氡措施一般只能起到将已形成的氡减少或暂时封闭。在氡不太高的室内，通风换气降氡是有效的。

根据以上观点看来，氡的防治应该在房子建造时就要开始了，要选择安全、符合国家标准的建筑材料，另外还要注意开窗通风，或者是在室内放置空气净化器。

7.6 谈"铅"色变，关于铅污染你知道多少

铅是一种金属，伴随着人类文明的发展；它也是一种毒素，从出现就威胁着人类的安全。从东方到西方，从远古到现代，它的危害存在了千年。

在地球上，曾有一个赫赫有名的帝国——罗马帝国。公元1至2世纪是罗马帝国的盛世，古罗马人建立起了地跨欧、亚、非的强大帝国，首都罗马城被称为"永恒之城"。他们创造了灿烂的罗马文化，为后人所仰慕，成为全人类共同的精神财富与物质遗产。罗马军团曾是世界最强大的军队之一。

但是，罗马帝国迅速衰败，庞大军团不堪一击，"永恒之城"轰然倒塌。其中固然有政治、经济、军事方面的因素，但也有一些人认为，铅中毒也是打垮罗马人的重要原因之一。

罗马人以铅为荣，铅成为罗马贵族生活的日常生活用品，例如：葡萄酒加铅后，不但可以去掉酸味，而且色彩鲜艳，酒味香甜；用含铅的粉美容可以使贵族夫人变得洁白；蜂蜜在含铅的容器里加热变成了止泻剂；他们用铅做水管、水槽、容器，用铅做各种餐具、厨具、玩具、纪念品、化妆品、药品，甚至用铅来制造棺材。

我们现在也时常听到铅污染事件，导致众多儿童中毒。

1. 何为铅?

化学符号Pb，原子序数82，铅是最软的重金属，在空气中铅表面会生成碱式碳酸铅，这些化合物阻止了铅的进一步氧化。同时铅是一种有毒的金属，它尤其可以破坏儿童的神经系统，导致血液循环系统和脑的疾病。长期接触铅和它的盐（尤其是可溶的和强氧化性的PbO_2）可以导致肾病和类似绞痛的腹痛，而且，

铅在人体里积蓄后很难自动排除，只能通过某些药物来清除。有人认为许多古罗马皇帝的老年痴呆是由于当时铅被用来作为水管（以及铅盐被用来作为加入酒中的甜物）造成的。

2. 铅有何危害?

铅是人体唯一不需要的微量元素，它是一种稳定的不可降解的污染物，在环境中可长期积累。造成慢性铅中毒的主要原因是环境污染。长期接触微量铅的人，积蓄的铅会阻碍血细胞的形成，导致人的智力下降，学习、工作情绪低落；蓄积到一定程度时会使人出现精神障碍、失眠、头痛等慢性中毒症状；严重者还会有乏力、食欲不振、恶心、腹胀、腹痛或腹泻等。铅还可通过血液进入脑组织，损害小脑及大脑皮质，干扰代谢活动，使营养物质与氧气供应不足，引起脑部毛细血管内皮层细胞肿胀，进而发展为弥漫性脑损伤。长期铅暴露会使工人受孕率降低。

铅毒对儿童的影响更甚，儿童对铅的吸收量比成年人要高几倍。当儿童的血铅浓度较高时，就可能引起智力障碍，乃至行为异常。并且铅对儿童的伤害是直接的，而有些伤害是不可逆转的。

3. 铅从何而来?

环境中的铅主要有两个方面的来源，一是自然来源，二是非自然来源。

自然来源是指火山爆发、森林火灾等自然现象释放到环境中的铅。

非自然来源是指人类活动，主要是指工业和交通等方面的铅排放。铅的人为排放是造成当今世界铅污染的主要原因。

铅毒无处不在，比如工业废气和汽车尾气、某些食品、学习文具、水管、水龙头、油漆颜料、塑料玩具、染发剂、化妆品、金属餐具等等都含有铅。

（1）含铅汽油的废气污染

传统汽油生产工艺中以四乙基铅作为防爆剂。这种汽油燃烧后从尾气中排出铅粒子，三分之一的大颗粒铅迅速沉降于道路两旁数公里区域内的地面上（土壤和作物中），其余三分之二则以气溶胶状态悬浮在大气中，然后随呼吸进入人体。

含铅汽油与儿童铅中毒的关系已相当明确。空气中98%的铅污染来自含铅汽油的燃烧。汽车尾气排放出大量的铅污染物，因而，汽车是铅重要污染源之一。所以马路边种的蔬菜大家尽量不要吃哦！

（2）工业污染

随着都市化、工业化的进展，环境污染日益严重，其中铅是主要的污染源。

煤燃烧后约有20%灰分，其中部分排放大气形成铅尘。另外，铅污染还产生于采矿、冶炼以及其他铅加工工艺中，如制造铅蓄电池、铸字、铅管、铅弹、轴承合金、化学反应器（内壁）电极等。在电线、高层建筑的基础和结构之间的缓冲材料、放射线的屏蔽材料中，在使用铅的电子、陶瓷、石油等工业中均存在。

（3）生活、学习用品和玩具

彩色画面的报刊、书籍上的彩色封面中也可能存在铅污染。

有些蜡笔和油画棒、儿童彩笔中含铅量也较高，一些玩具中的表面油漆所含可溶性铅也有超标，电池等都存在铅污染。

某些餐具（陶瓷中的彩釉）含铅，颜色越鲜艳含铅量越高。街边摊贩出售的餐具无质量要求（大的厂家有严格的质量标准，可溶性铅较低），最好不要作餐具。

老式水管（镀锌管）的接头含铅量较高，而目前较多采用的PVC（聚氯乙烯塑料）管，制造时需加稳定剂，而硬脂酸铅是最便宜的稳定剂，因此PVC管含铅量有些会较高。

百叶窗、塑钢门窗也是PVC材料，太阳曝晒后，铅易析出。

（4）食品

爆米花是儿童喜爱的食品。由于老式爆米花机的机身是由含铅合金制成，使爆米花中含有较多量的铅。

皮蛋（松花蛋）的传统制作工艺以氧化铅作为食品添加剂，故皮蛋中也含有较高的铅。因此，应该对儿童及其家长进行必要的宣传，让儿童尽量少吃或不吃这些食品。同时业内已改进传统的加工工艺以降低铅含量，现在很多的皮蛋含铅量就很低。

一些马口铁（镀锡钢板）制的食品罐头焊缝处采用铅锡焊作为焊料，导致罐头中含铅量较高，长期食用会引起铅中毒；调查表明，长期过量喝饮料的孩子血铅水平偏高，因为有些易拉罐虽不用铅锡焊，但含有少量铅，长期过多饮用就会在孩子体内累积。

还有近年陆续发生饮用铅污染的烧酒，因为很多传统的制酒工艺要用到酒帽（一种含铅的蒸馏器），以及服用含铅的药物而致铅中毒。

另外水晶制品也是一种颇具威胁的铅污染源。

4.　如何防治铅中毒？

首先，从我做起——食疗排铅。

维生素 C 与铅结合的生成物难溶于水，而随粪便排出体外。每天至少摄入 150μg 维生素 C，已有铅中毒症状者需增至 200μg。

蛋白质和铁可取代铅与组织中的有机物结合，加速铅代谢。含优质蛋白质的食物有鸡蛋、牛奶和瘦肉等，含铁丰富的蔬菜和水果则有菠菜、芹菜、油菜、萝卜、苋菜、荠菜、番茄、柑橘、桃、李、杏、菠萝和红枣等。

大蒜中的大蒜素，可与铅结合成为无毒的化合物，所以从事铅作业的工人，每天吃少量大蒜比不吃大蒜的工人铅中毒发生率减少 60%。

此外，果胶有抑制铅吸收的作用；酸牛奶可刺激胃肠蠕动而减少铅吸收。

其次，从源出发——采取以下防备技术。

① 工艺过程污染预防技术。即铅冶炼生产工艺中，能预防或减少污染物排放以及污染治理中的国内外实际应用的技术。如原料贮存与备料工序采用封闭仓料技术，熔炼-还原工序采用富氧底吹熔炼-鼓风炉还原炼铅技术等。

② 污染治理技术。即用于冶炼工艺末端，能够预防或减少污染物排放的实际应用的技术。必须建设完善的铅烟、铅尘、酸雾和废水收集、处理设施，并保证污染治理设施正常稳定运行，达标排放，减少无组织排放。

眼下的具体措施——国家制定政策并严格落实。

·严格环境准入，新建涉铅的建设项目必须有明确的铅污染物排放总量来源。

·进一步规范企业日常环境管理，确保污染物稳定达标排放。

·进一步加大执法力度，采取严格措施整治违法企业。

· 实施信息公开，接受社会监督。

· 建立重金属污染责任终身追究制。

· 加强宣传力度，把回收废铅蓄电池变成每个公民的自觉行动。

还应掌握一些预防铅中毒的知识。

首先家长不要在家里吸烟：儿童血铅水平随家中他人吸烟量的增加和吸烟时间延长而升高。

清晨的自来水：经过一夜的聚存，有可能积聚大量的铅，因此要放掉一些再用。

避免使用色彩鲜艳的餐具和陶瓷容器：色彩鲜艳的餐具含铅量较高；日常生活中最常见的铅污染源是劣质的陶瓷容器，长期以来铅一直被用于陶瓷的釉料和涂底中，它能使釉面显现完美的光泽，色彩越鲜艳的陶瓷容器含铅量也就越高。

教育孩子养成良好的卫生习惯：餐前要洗手，不咬玩具和学习用品，少接触含铅的物质，如油漆、电池、彩色蜡笔。

不要让孩子在车流繁忙的马路边玩耍：有资料显示，儿童通过肺吸入大气中的铅中，有50%来源于汽车尾气。

平时要少给孩子吃含铅高的食品：如传统工艺制作的皮蛋、老式爆米花、罐头等等。

平时常给孩子吃一些有益于排铅的食物：如海带、紫菜、梨、大枣、猕猴桃等等，膳食纤维也有助于铅的排出。

定时进行体检：如果孩子有经常头疼、不想吃东西、注意力不集中或易疲劳等表现时，家长应当带孩子到医院检查血铅。

铅是现代社会不可缺少的金属，但它也是对环境和人体有害的副毒金属。所以我们在使用它的时候，要有一定的范围。如果我们大家都重视这个问题，合理、安全、有效地使用铅，铅就会真正成为我们的朋友，而不是危害我们健康的"杀手"。

7.7   三聚氰胺本无罪

在中国，也许再没有第二种有机化合物像三聚氰胺这样"有名"了。2008年的问题奶粉事件让这个原本被用于化工产业的原料，几乎在一夜之间臭名昭著。问题奶粉事件中，一个过去显得陌生的词汇——三聚氰胺，跃入人们的脑海。一时间，三聚氰胺成了最大的罪魁祸首，人人谈三聚氰胺而色变。而实际上三聚氰胺惹谁了，何罪之有？现在我们就来为三聚氰胺正名。

三聚氰胺可以说无处不在，无孔不入，想躲都躲不开。只要你吃饭、乘车、居家过日子，都不自觉地生活在三聚氰胺的世界里。只不过，日常人们接触到的三聚氰胺都经过了特殊处理，呈固化状态，比如家具上的贴面板，并非以三聚氰胺的原始状态存在，而是经过独特工艺加工成三聚氰胺甲醛树脂（MF），不仅异常坚固，而且具有相当高的防火、抗震、耐热性能，要加热到300℃才会升华挥发。三聚氰胺正常地运用于家具、陶瓷、钞票生产，按照它应该遵循的规程去对待，它就会给人带来生活的便利。

1.   三聚氰胺缘何出现在它不该出现的地方？

皆因它的氮含量高达66%，远高于多种蛋白质中16%的氮含量，江湖上称它为"蛋白精"。

问题来了，具有轻微生物学毒性的三聚氰胺进入人体后，由于无法代谢，对人们，尤其是婴幼儿容易造成急性肾功能衰竭，甚者是死亡。

三聚氰胺本无罪，但当与凯氏定氮法相遇时，部分人便钻了空子，耍了聪明——以这种富含氮的"伪蛋白"，冒充真品，从而生产出所谓的"高蛋白质"奶粉。其后果便是"肾结石宝宝"的出现。

惊愕之余，我们要问，为何要检测这个氮元素？氮在蛋白质里当真就如此之特别？氮元素到底是什么呢？

2.　不完善的蛋白检测方法

我们知道，蛋白质中含有碳、氢、氧、氮、硫等元素。其中，氮元素极为特别：氮在绝大多数蛋白质中含量相当接近，一般恒定为15%～17%，平均值为16%。因此，丹麦化学家Johan Kjeldahl很巧妙地想到，既然氮元素含量稳定，只要准确测量了氮的含量，便能推算出蛋白量。举例来说，每测得1g氮便相当于6.25g（1÷16%）蛋白质。所以，测定出生物样品中的含氮量，再乘以6.25，就可以计算出样品中的蛋白质含量。

这就是发表于1883年的凯氏定氮法，无疑为蛋白质的检测做出了巨大贡献。将食品与硫酸和催化剂一同加热消化，使蛋白质分解，分解的氨与硫酸结合生成硫酸铵。然后通过一系列蒸馏、滴定技术，便能计算得出蛋白质含量。

凯氏定氮法的瑕疵

最大的问题在于，对于待检测样品，凯氏定氮法一视同仁，只检测氮含量，并不能鉴定蛋白质真伪。换言之，凯氏定氮法检测的并非蛋白质本身，而是间接检测氮元素含量进行反推。因此，把含氮元素的非蛋白物质进行一番试验，也能够计算出一个蛋白质含量数值。

以三聚氰胺为例，其分子式中有三个碳原子、六个氢原子和六个氮原子组成，其结构式见图7-5，俗称密胺，氮含量高达66.7%。而牛乳氮含量只有15.7%，大豆蛋白也仅有16%。毋庸置疑，在氮含量的比较上，三聚氰胺"胜"出。难怪，有人把三聚氰胺称作"蛋白精"，成为非法饲料添加剂。也不难想象，只要加入含氮量高的物质，就可以骗过凯氏定氮法，轻松获得"高蛋白含量"的称号。

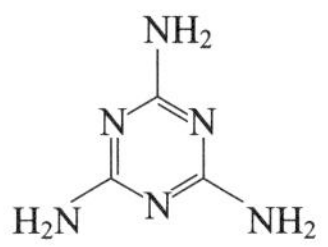

图7-5　三聚氰胺结构式

3.　三聚氰胺的用途

三聚氰胺是一种重要的有机化工中间产品，主要用来制作三聚氰胺树脂，具有优良的耐水性、耐热性、耐电弧性、优良阻燃性。主要应用于装饰板材、塑料器皿、清洗剂、胶水，甚至是化肥等。

事实上，三聚氰胺的化学性质稳定，很难溶于水，基本没什么毒性，行内人都知道，也不觉得可怕，平时介绍样品时都是直接触摸，事后洗洗手就行。成年人就算不小心吃了一点，也会很快排出，不会有什么化学反应。

相反，三聚氰胺应用在化工领域有很多优点。比如人们吃饭用的仿瓷盘子、电视机、汽车上的金属漆、穿在脚上的皮靴、粘贴信件的胶水，乃至天天要用的钞票，都或多或少地含有三聚氰胺，更不用说家家必备的家具了，如今最流行的贴面板主要成分就是三聚氰胺。

三聚氰胺板，简称三氰板，行业内比较喜欢叫作生态板，全称是三聚氰胺浸渍胶膜纸饰面人造板，是将带有不同颜色或纹理的纸放入三聚氰胺树脂胶黏剂中浸泡，然后干燥到一定固化程度，将其铺装在刨花板、防潮板、中密度纤维板、胶合板、细木工板或其他硬质纤维板表面，经热压而成的装饰板（结构见图7-6）。在生产过程中，一般是由数层纸张组合而成，数量多少根据用途而定。

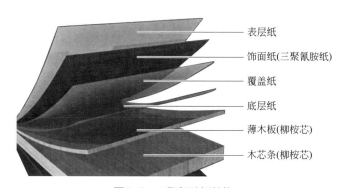

图7-6　三聚氰胺板结构

三聚氰胺及其制品在消防事业中也发挥着重要作用。许多外墙保温材料自身易燃，为使其符合相关的阻燃法规和标准，常需加入阻燃剂，但阻燃剂在高温下会遇热分解并释放出有毒气体，在火灾发生时引发二次灾害和环境污染。而三聚氰胺材料遇火却可以迅速炭化，阻止燃烧。

参考文献

[1] 奚同庚.无所不在的材料.上海：上海科学技术文献出版社，2005.

[2] 毛卫民.材料与人类社会.北京：高等教育出版社，2014.

[3] 戚飞鹏.材料与社会进步.上海：上海大学出版社，2003.

[4] 马克·米奥多尼克.迷人的材料.赖盈满，译.北京：北京联合出版公司，2015.

[5] 艾柯尔，马克.人类最糟糕的发明——科技的发展到底给我们带来了什么.北京：新世界出版社，2003.